◇ZHONGGUO ERTONG TUJIE BAIKE

中国儿童图解百科

伟大的中国工程

冰河 编著

点击这里激活点读笔

中国大百科全书出版社

图书在版编目（CIP）数据

伟大的中国工程 / 冰河编著. -- 北京 : 中国大百科全书出版社, 2024. 9. -- (中国儿童图解百科).
ISBN 978-7-5202-1587-9

Ⅰ. TB-49

中国国家版本馆CIP数据核字第2024AS2920号

出 版 人：刘祚臣
策 划 人：海艳娟 盖 乐
责任编辑：董淑芳
插画绘图：百闰文化
设计制作：张 昕
美术编辑：张倩倩
责任印制：李宝丰
出版发行：中国大百科全书出版社（北京市西城区阜成门北大街17号 100037）
网　　址：http://www.ecph.com.cn
经　　销：全国各地书店
印　　刷：河北泓景印刷有限公司
开　　本：787mm × 1092mm 1/16
印　　张：8.5
字　　数：130千字
印　　量：00001 ~ 10000
版　　次：2024年9月第1版 2024年9月第1次印刷
书　　号：ISBN 978-7-5202-1587-9
定　　价：49.90

本书全文可点读，点击藏在文中的  还有意外惊喜哟！

快和冰冰博士开启一场“声”临其境的阅读之旅吧！（点读笔需另购）

目 录

工程的基石

造福万家的工程

了不起的中国建筑

令人惊叹的中国道路

世界领先的中国桥

前 言

在华夏大地的广袤疆土上，无数伟大的中国工程如同璀璨星辰照亮了人类文明的天空。从令世界叹为观止的万里长城到贯通南北的京杭大运河，从独具匠心的都江堰到巧夺天工的布达拉宫，每一项伟大的工程都是中华民族智慧的结晶，它们用独特的魅力和无尽的创造力，书写着世界工程史上的辉煌篇章。今天，中国无数的建设者们克服重重困难，用智慧和汗水又铸就了一座座令人惊叹的奇迹工程。

本书选取了中国最具代表性和影响力的一些超级工程，包括建造工程的基础设施、关系民生的水利和电力工程、极具中国特色的建筑工程、克服世界难题的公路和桥梁工程等，通过介绍这些工程的原理、结构、功能、建造过程等，展示中国在工程领域取得的辉煌成就，以及中国工程的独特魅力和创新精神。

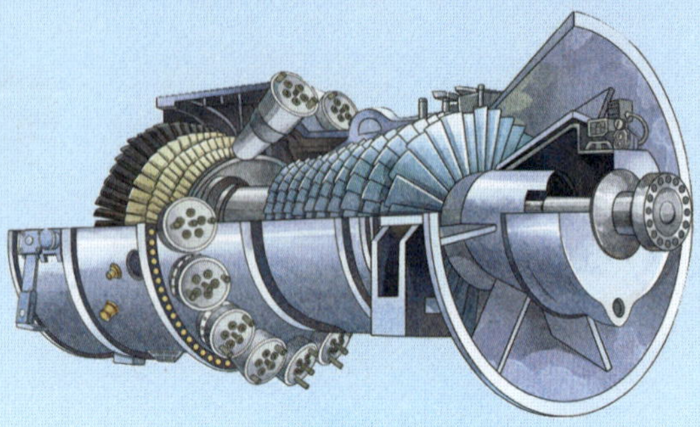

工程的基石

在现代化建设的征程中，中国筑起了一座座令人瞩目的伟大工程，这些工程不仅展示了国家的综合实力，也彰显了中国人民的智慧和勇气。然而，这些超级工程的成功建设并非一蹴而就。在背后，有着众多基础性工程设施，如同坚固的基石，默默支撑起这些超级工程的巍峨身影。“春风号”盾构机以其强大的掘进能力和精准的施工技术，为隧道工程的建设提供了强大的支持；“天鲲号”挖泥船以其卓越的挖掘能力和极高的疏浚效率，为港口和航道建设保驾护航；“振华30号”起重船以其巨大的承载能力和灵活的操作性，为海上石油钻井平台、海上风电设备等大型设施的安装和维护提供了强有力的保障……这些先进的工程技术和设备，展现了中国力量，构成了国家建设与发展的坚实基石。

“春风号”盾构机

盾构机也称隧道掘进机，它像一个在地底挖洞的大力士，在不同的地质下进行“量体裁衣”式的工程作业。盾构机广泛应用于地铁、铁路、公路、水电等隧道工程的建设。“春风号”盾构机是中国于2018年自主设计的最大直径的泥水平衡盾构机，它集合了超高承压能力系统集成、常压换刀技术、双破碎机分级处理渣土、小曲线施工盾构机防卡盾、大流量泥水环流系统等多项创新技术，已经应用于深圳市春风隧道重点工程的建设。

“春风号”盾构机重4800吨，长135米，直径15.8米，装机的部件有近3000个。

刀盘：盾构机的核心部件之一，具备常压换刀功能，当刀具磨损或损坏时，施工人员能够在不改变盾构机内部压力的情况下，对刀具进行更换，极大提高了盾构机的工作效率。

泥水平衡工作原理图

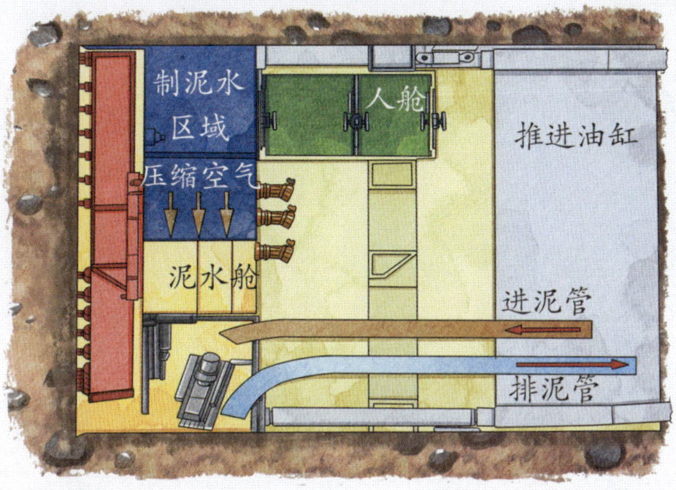

怎样让泥水平衡?

“春风号”盾构机是一台泥水平衡盾构机，其工作原理是通过泥水压力来平衡土压力，保持掘进面稳定来进行隧道掘进。在盾构机刀盘的后侧，有一个密封隔板构成的制泥水区域，可以将水、黏土及其添加剂混合制成泥水。泥水经输送管道被压入泥水舱，泥水充满整个泥水舱后，会与所在地层的压力保持平衡。泥水压力能使刀盘切削面稳定平衡，因此泥水平衡盾构机也被称为泥水加压平衡盾构机。

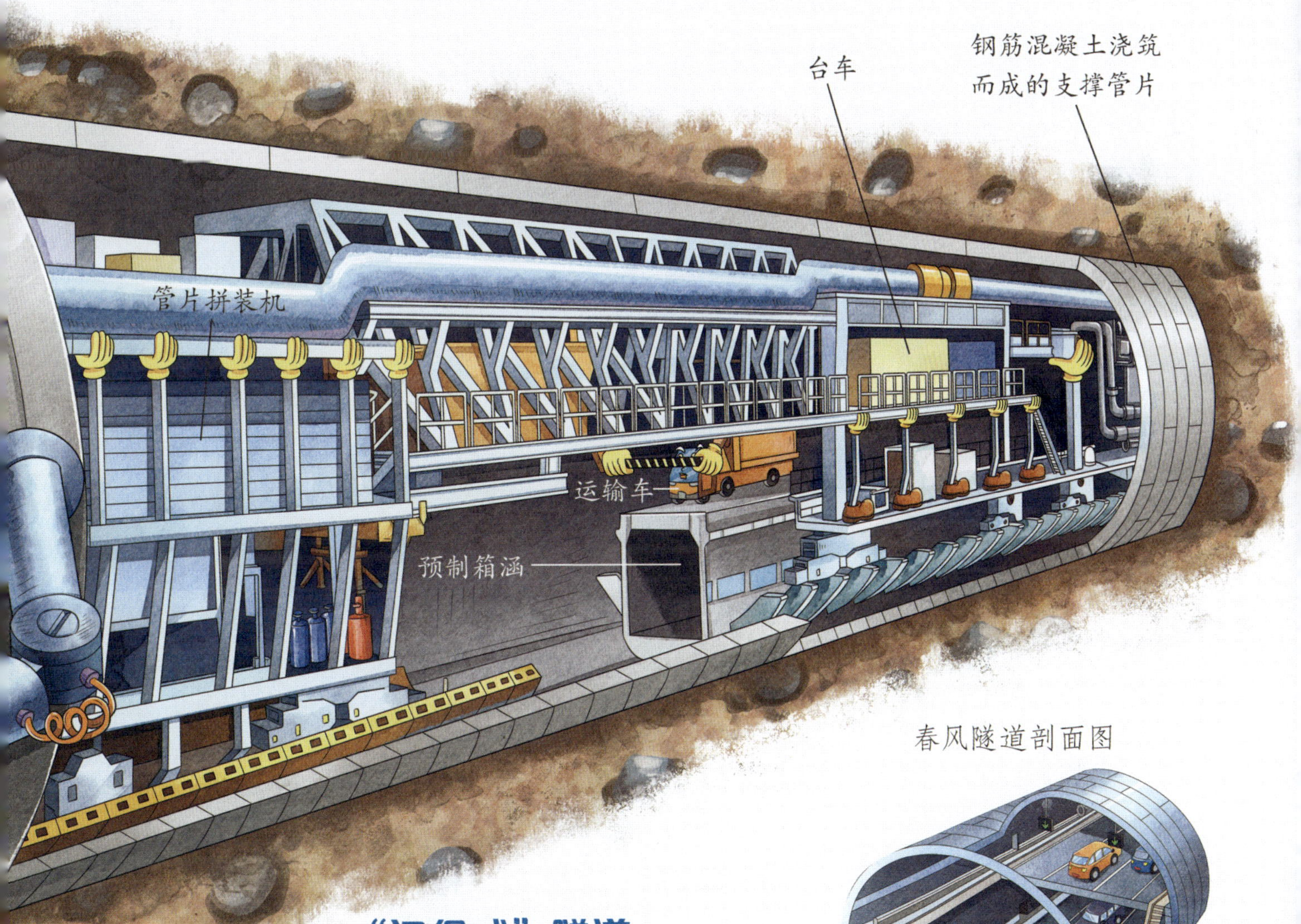

春风隧道剖面图

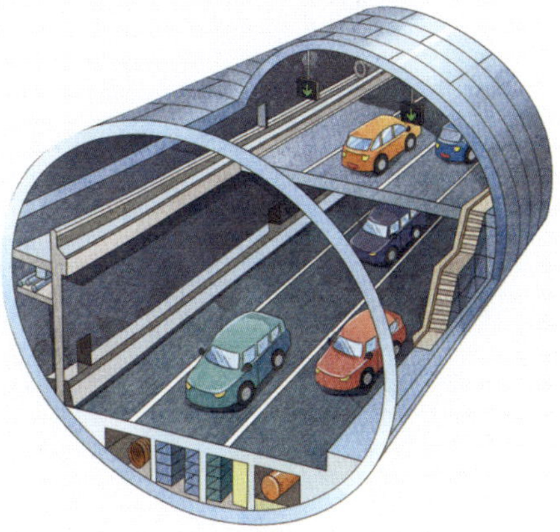

“汉堡式”隧道

春风隧道是单洞双层结构的隧道，它就像汉堡一样，层层叠加，更好地利用了空间。春风隧道由“春风号”盾构机挖掘而成，内部分为上下两层，每层都是单向双车道，也都有连续紧急停车带。春风隧道于2024年4月胜利贯通。

“天鲲号”挖泥船

“天鲲号”挖泥船是第一艘由中国设计建造、拥有完全自主知识产权的亚洲最大重型自航绞吸挖泥船，被誉为“造岛神器”。“天鲲号”于2019年3月正式投产，挖泥船配置了四种类型的绞刀，分别是挖砂型、挖岩型、挖硬岩型和通用型。这使得它可以挖掘淤泥、黏土、岩石、风化岩等不同土质。

“天鲲号”挖泥船长140米，宽27.8米，设计挖泥量每小时6000立方米。它1小时就能挖一块1米深、面积相当于标准足球场大的陆地，不到1周的时间，可在岛礁上搭起一个国家游泳中心“水立方”大小的砂石堆。

“天鲲号”可以将泥浆输运到驳船上，也可以将泥浆远程输运到15千米之外。为了达到远程输运能力，它装设了一台水下泥泵和两台舱内泵，能够适应不同排距的功能要求。

“天鲲号”有两种先进的定位系统，一种是桩式定位系统，船身自带的两根重达184吨的钢桩可以扎入海底泥沙，也可以扎入岩石，这种定位方式可以适应浅海与中海的情形；另一种是采用3根粗钢缆绳的深海定位系统。

"天鲲号"挖泥船工作示意图

"天鲲号"如何填海造陆?

"天鲲号"挖泥船工作时，先利用不停转动的绞刀将水底岩石和土壤绞碎，再将其与水混合成泥浆。泥浆经过吸泥真空管吸入泥泵，并沿输泥管流动，最后经过排泥管输送到排泥区。

气动减震装置：位于"天鲲号"的上层居住区域和主船体甲板之间，由148个柔性气囊进行隔离，在挖泥时能有效缓冲船体工作状态下的震动。

绞刀头：直径约3.15米，高约2.5米，是整个挖掘系统的核心部件。绞刀头由4200千瓦的变频电机驱动，可以挖掘耐压强度极高的中风化和强风化的岩石，可谓"削岩如泥"。

“共工号”造桥机

2022年4月，中国研制的世界首台桩梁一体智能造桥机“共工号”正式投入使用。“共工号”与传统的造桥机不同，它不占用地面空间，也不需要任何其他吊装设备来辅助施工，就能像“搭积木”一样建造桥梁。在浅水潟湖、沼泽湿地等传统造桥机无法施展能力的区域，“共工号”特别能发挥自己的才能。

“共工号”造桥机整机长92米，自重575吨，有效跨度48米，悬臂重载作业16米。它颠覆了桥梁基础结构现浇的做法，打破了线下施工必须依赖施工便道或栈桥的局面。

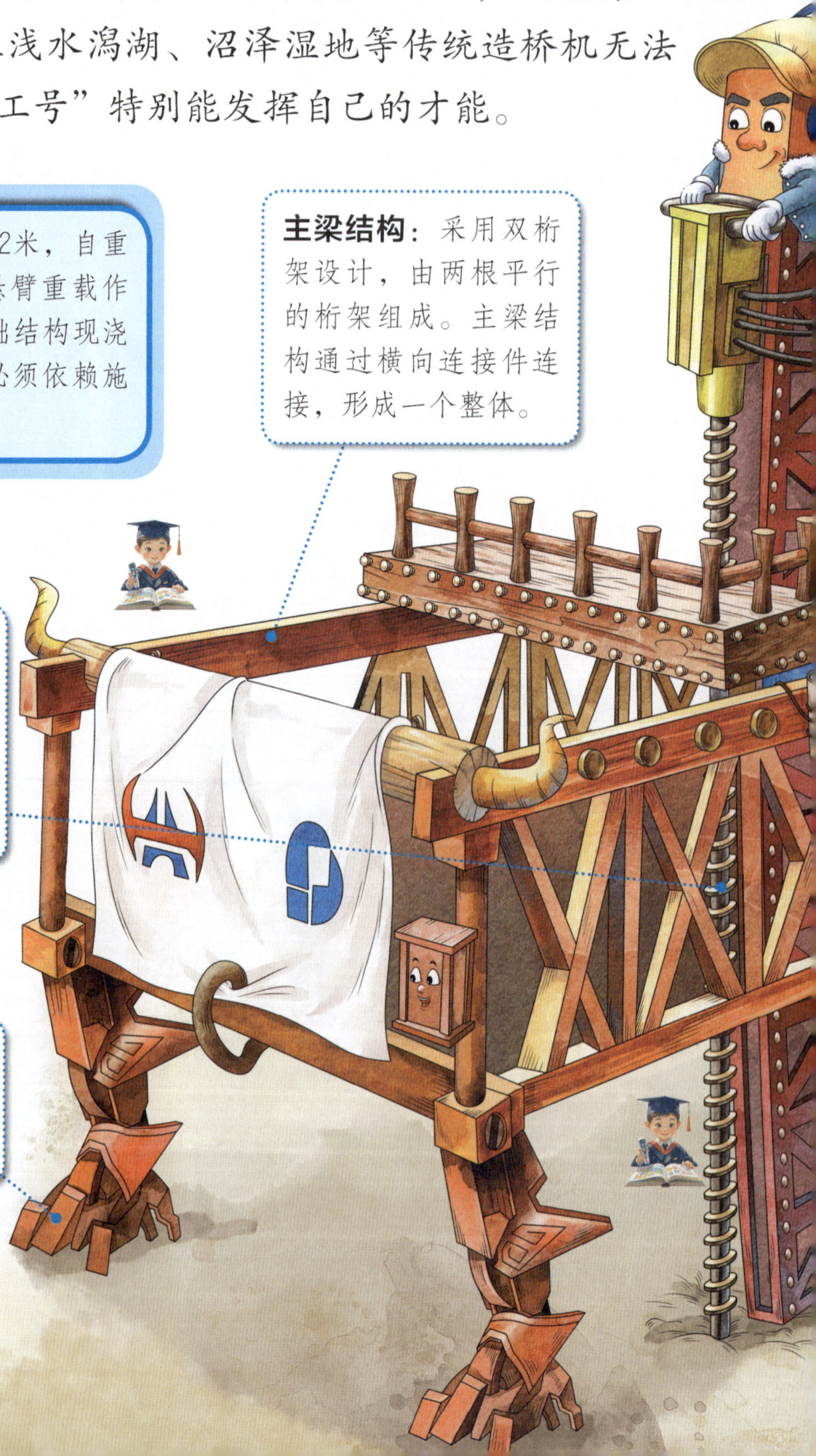

主梁结构：采用双桁架设计，由两根平行的桁架组成。主梁结构通过横向连接件连接，形成一个整体。

打桩装置：“捆绑”桩机与钻机装置，使两者共用一套桩架，可在空中进行4个自由度精确调整，工作状态下可抗击8级大风。

支腿：共5条，连接桥面和桥墩，主要起到支撑桥面重量和传递载荷的作用。

“共工号”架设桥梁

基建的一大发明

以往，架设单跨桥梁需要10天才能完成，但“共工号”只需3天半就可完成，既提高了施工效率、节约了施工成本，又能最大限度减小对施工区域生态环境的破坏，堪称基建施工装备上的一大发明。

环保的“共工号”

位于广东省汕尾市海丰县的梅陇特大桥全长5400米，邻近广东海丰鸟类省级自然保护区，而且处于河滩、湖泊沼泽区域。施工团队为了成功架桥并保护当地的生态环境，便让“共工号”发挥它的优势。它采用北斗定位系统打桩，实现了引孔、打桩、架梁、拼装桥墩全套“空中”作业，减小了对当地植被和环境的影响。

钻锚一体化智能快掘成套装备

2022年7月，中国首套钻锚一体化智能快掘成套装备制造完工。这是一种用于煤矿巷道快速掘进和支护的装备，具备钻孔、锚杆安装、喷射混凝土等多种功能，能够快速、高效、安全地进行巷道掘进和支护作业，集自动化和智能化于一身。钻锚一体化智能快掘成套装备是中国快速掘进技术与装备水平的重要突破，对于提高煤炭开采的效率和安全性具有重要意义。

钻锚机：主要负责钻孔和安装锚杆（一种常用的巷道支护材料，有木质、金属、树脂等类型）。它采用钻锚一体化技术，让原本繁琐的6道工序简化为1道，实现“一键打设”，大大提高了锚杆支护施工效率。

自动喷涂机：负责给巷道表面“穿上漂亮的外衣”。它喷涂的护表材料可以替代金属网，轻松解决巷道护表难题。有了它，巷道不仅更加美观，内部结构也能得到更好的保护。

随掘监测机：实时监测巷道随掘变形的动态，为掘进工作面（主要任务是开凿巷道，为采矿作业提供通道）支护参数的优化提供有力依据，确保施工安全。

前部收集头工作图

钻锚一体化智能快掘4.0成套装备主体装备分布图

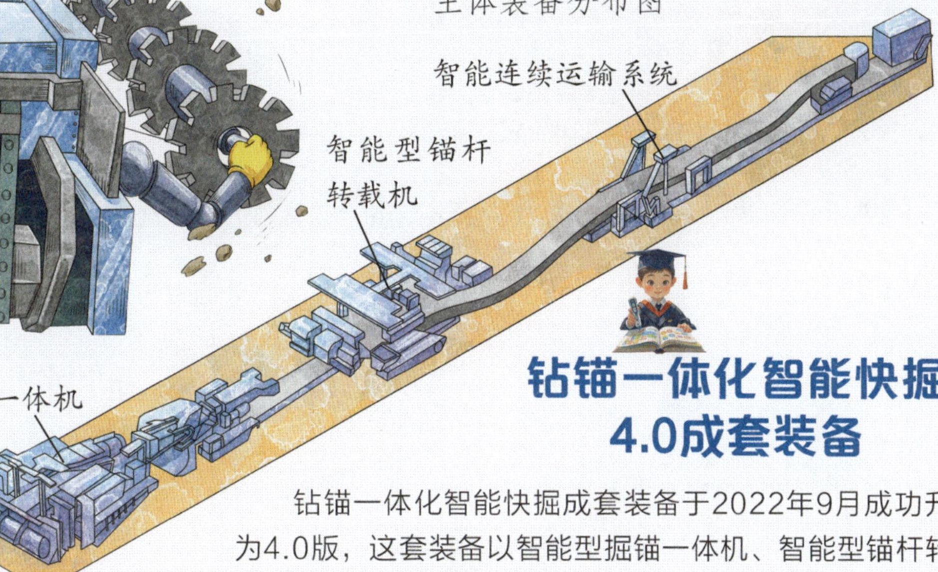

钻锚一体化智能快掘4.0成套装备

钻锚一体化智能快掘成套装备于2022年9月成功升级为4.0版，这套装备以智能型掘锚一体机、智能型锚杆转载机、智能连续运输系统为主体装备，并集成融合物料配送系统、智能控制系统、随掘监测系统等辅助系统。装备工作时，先由掘锚一体机自主掘进并钻孔，然后再由锚杆转载机自动安装锚杆，最后由连续运输系统负责将掘进过程中产生的物料连续、高效地运输到指定地点。整套装备系统集掘进、支护、运输、除尘、自动控制、安全监测于一体，可实现平行连续作业，大幅提升了掘进效率。

前部收集头： 掘进时做旋转和刮板运动，将岩渣和碎屑集中并转运至后部的运输设备中，以实现快速、高效、安全的掘进作业。

“梦想号”竖井掘进机

2022年11月，“梦想号”竖井掘进机在湖南省长沙市制造完成。它是中国自主研制的世界最大的竖井掘进机，整机高约10米，也是目前世界上开挖直径最大的掘进机，开挖直径可达23.02米。“梦想号”的研制成功，标志着中国地下工程装备的科技水平又上了一个新台阶。

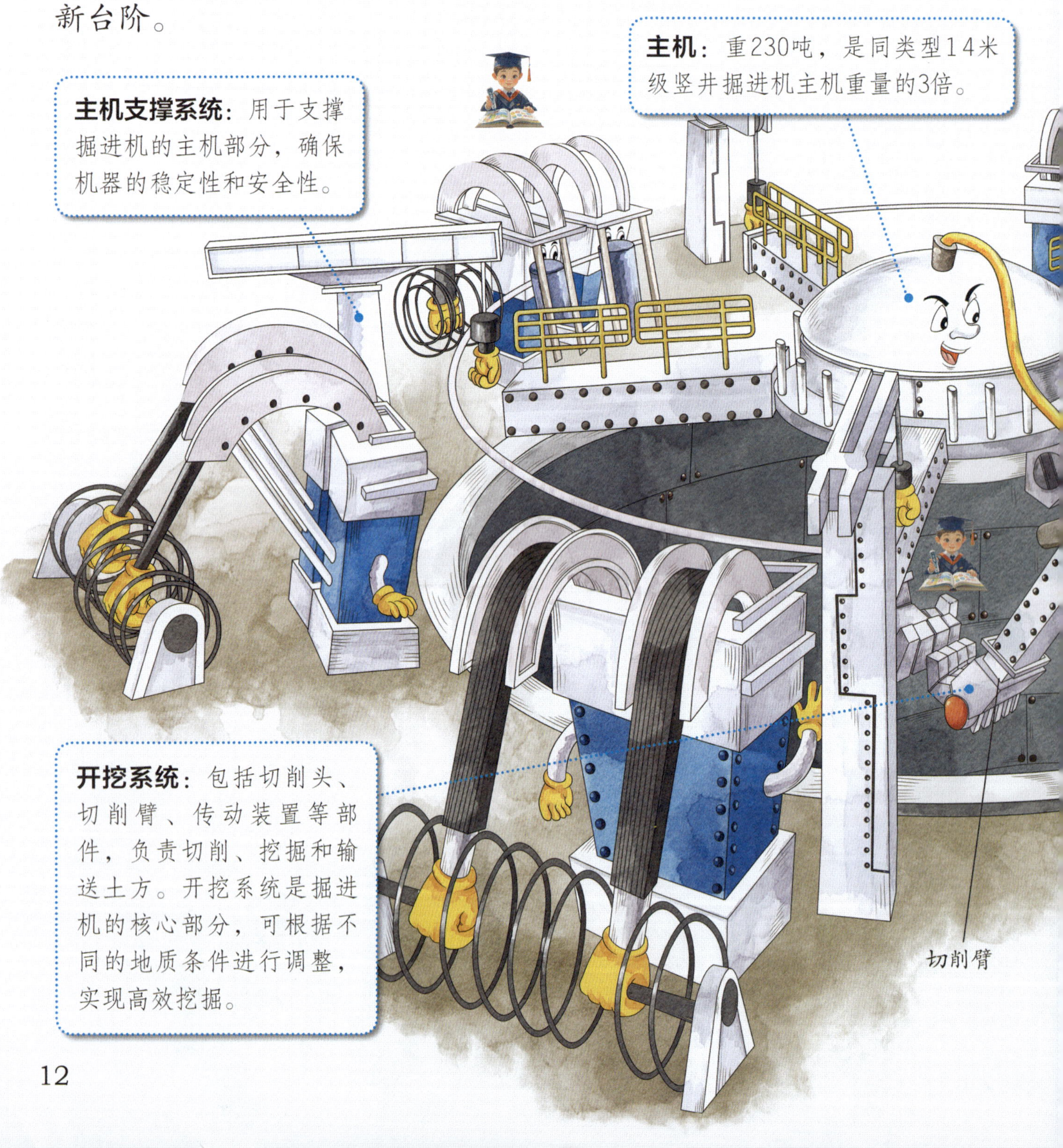

“梦想号”竖井掘进机剖面图

吊装系统：用于将主机吊装下井，确保掘进机能够顺利安装在竖井中。

竖井掘进机

竖井掘进机是一种用于挖掘竖井的施工机械，通常由钻进系统、排渣系统、升降系统、控制系统等组成。竖井掘进机的工作原理是利用钻头旋转切削土体，通过钻杆将切削下来的土渣提升到地面，并由排渣系统将其排出。它有刀盘式竖井掘进机、截削式竖井掘进机、全断面扩孔竖井掘进机、全断面竖井掘进机等多种类型。“梦想号”属于截削式竖井掘进机，适合在软质至中硬质岩石地质条件下进行工作。

截削式竖井掘进机结构示意图

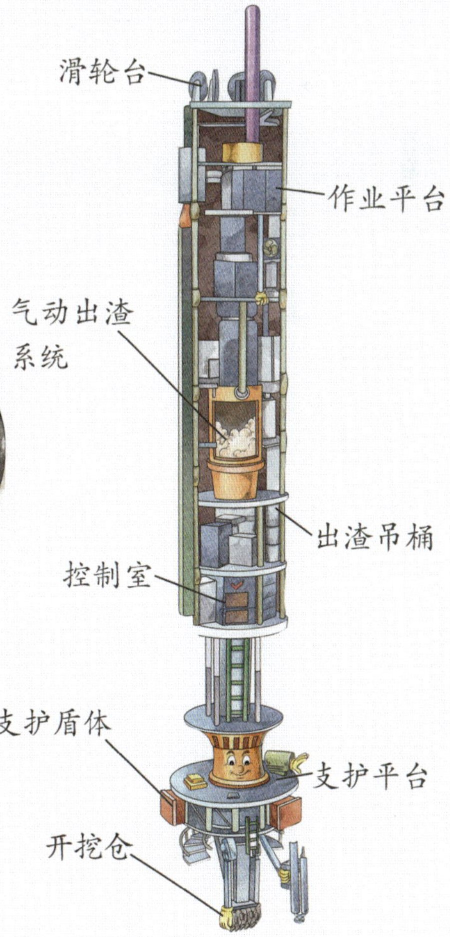

回转驱动系统：驱动掘进机回转运动，使机器能够在竖井中实现360° 旋转挖掘。

“蓝鲸1号”半潜式钻井平台

“蓝鲸1号”是中国自主研制的世界最大、钻井深度最深的海上钻井平台。“蓝鲸1号”是双钻塔半潜式钻井平台，可以在世界大部分深海海域作业，主要用于开采可燃冰。它配置了高效的液压双钻塔和世界领先的闭环动力管理系统。“蓝鲸1号”于2017年2月命名交付，是目前世界上设计建造水平最高的海洋钻井平台。

“蓝鲸1号”重约42000吨，相当于150架空客A380的重量；高约118米，相当于37层楼的高度；甲板面积约1个标准足球场的大小。它可适用于世界约95%的深海作业。

生活区：设施完善，员工宿舍里有独立的房间，公共区域里有卫生间、客厅等，此外还有健身房供船员们锻炼身体。

双钻塔系统：两个钻塔同时工作，一个往下钻井，另一个接钻杆，这使得钻井效率至少提高了30%。

半潜式钻井平台

半潜式钻井平台由平台本体、立柱和下体组成。平台上设有钻井机械设备、器材和生活区等。平台本体高出水面一定高度，以避免波浪的冲击。提供浮力的下体沉没于水下，可以减小波浪的扰动力。平台本体与下体之间有立柱连接，立柱与立柱之间相隔适当距离，以保证平台的稳定性。

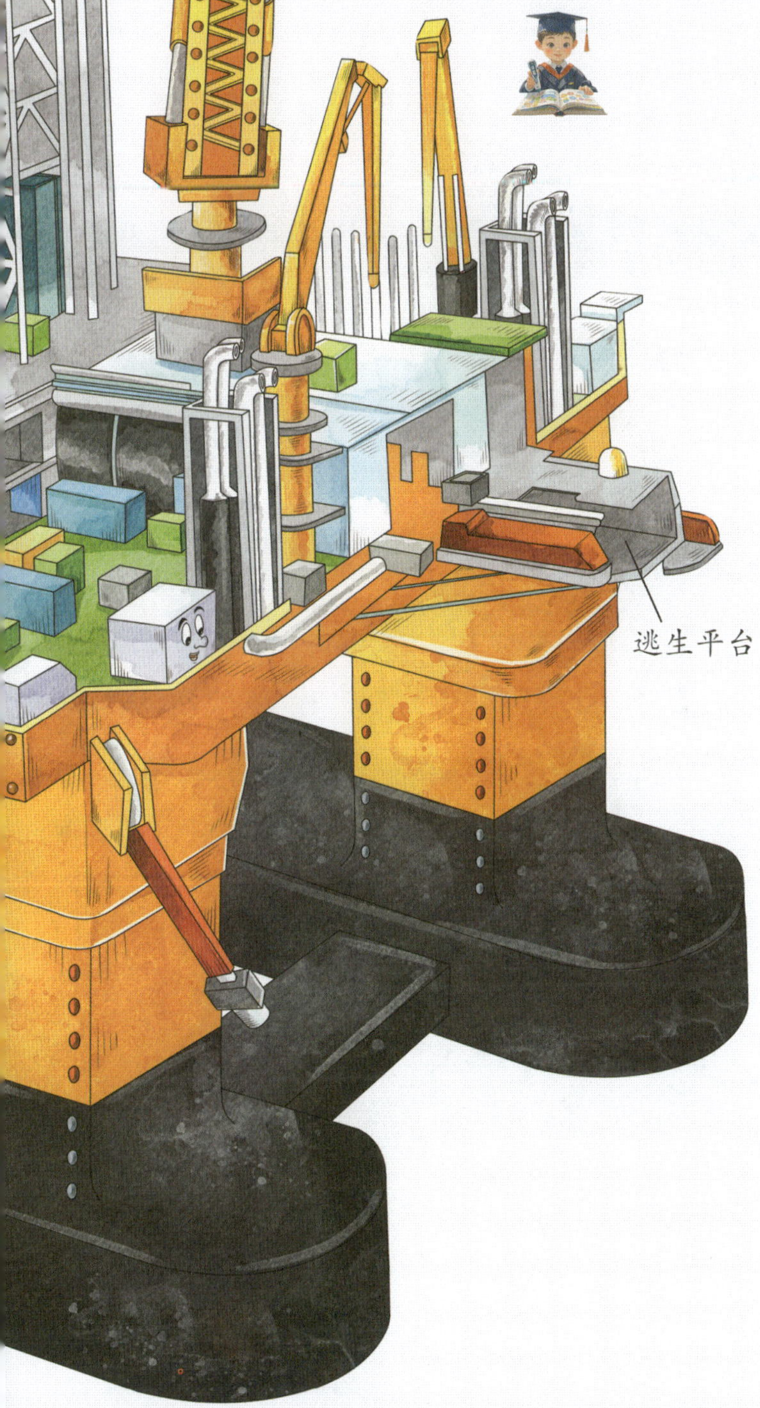

半潜式钻井平台示意图

开采可燃冰示意图

开采可燃冰

大规模地开采可燃冰需要确保在开采的过程中，可燃冰的储存区不会有太大的温度和压力变化。这是因为可燃冰对储存环境高度敏感，会随着温度上升或周边压力骤降而高速分解，导致大量甲烷被迅速释放到大气中，产生温室效应。在开采过程中还要确保周边地区的稳定性，否则会产生一系列破坏性的连锁反应。“蓝鲸1号”攻克了可燃冰开采的技术难关。

“海基一号”深水导管架

2022年10月，中国自主设计建造的亚洲第一深水导管架——“海基一号”正式投产，它总高度300多米，相当于110层楼高，重约3万吨，建造它的钢铁可制造1艘中型航空母舰或3座埃菲尔铁塔。“海基一号”的投用标志着中国成功开启了深水超大型导管架平台油气开发新模式，迈上了中深海油气资源开发的新台阶。

开发模式

“海基一号” 使中国第一次成功采用了300米级深水导管架平台多油田经济高效联合开发模式。与以往常用的“水下生产系统+浮式生产设施”的深水油气田开发模式相比，“海基一号”可将钻机、井口等设置在平台上，具有开发投资低、生产成本低、国产化率高的显著优势。

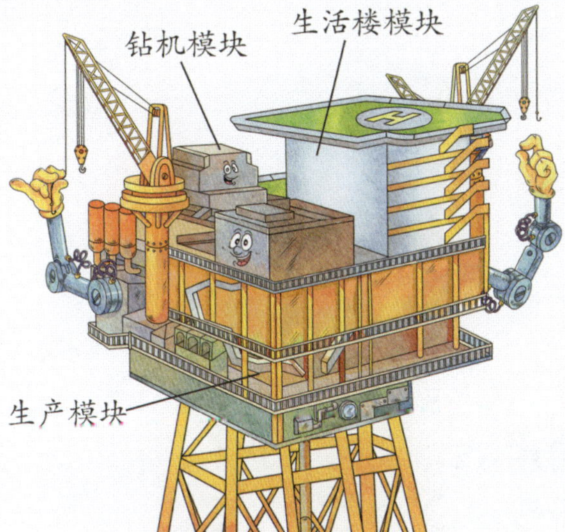

“海基一号”的“新鞋”

“海基一号”位于陆丰15-1油田海床，这里崎岖不平，大型设施要想站稳脚跟就需要不同寻常的“鞋子”。项目团队专门为“海基一号”设计了一双“新鞋”，即阶梯型防沉板，它能完美贴合沙坡沙脊的形状，从而保证“海基一号”站得稳、立得平。

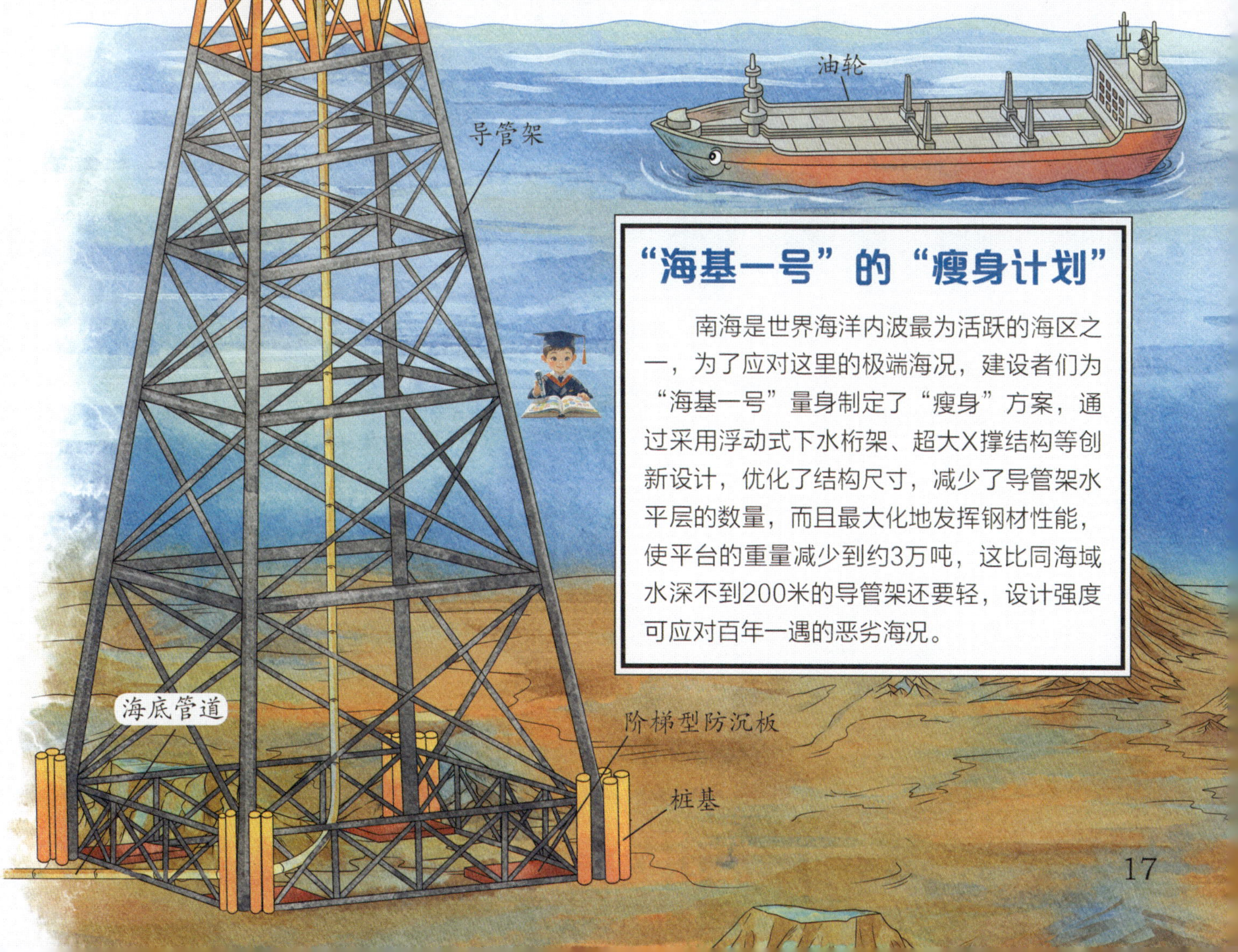

“海基一号”的“瘦身计划”

南海是世界海洋内波最为活跃的海区之一，为了应对这里的极端海况，建设者们为“海基一号”量身制定了“瘦身”方案，通过采用浮动式下水桁架、超大X撑结构等创新设计，优化了结构尺寸，减少了导管架水平层的数量，而且最大化地发挥钢材性能，使平台的重量减少到约3万吨，这比同海域水深不到200米的导管架还要轻，设计强度可应对百年一遇的恶劣海况。

“华龙一号”核电机组

“华龙一号”是中国完全拥有自主知识产权的第三代核电技术，它在符合国际最高安全要求和最新技术标准下，进行核能发电，是中国核电走向世界的一张“国家名片”。“华龙一号”装有6万多台（套）设备、2000多千米电缆，而且有700多项属于中国的专利技术。2021年1月，第一台“华龙一号”投入商业运行。

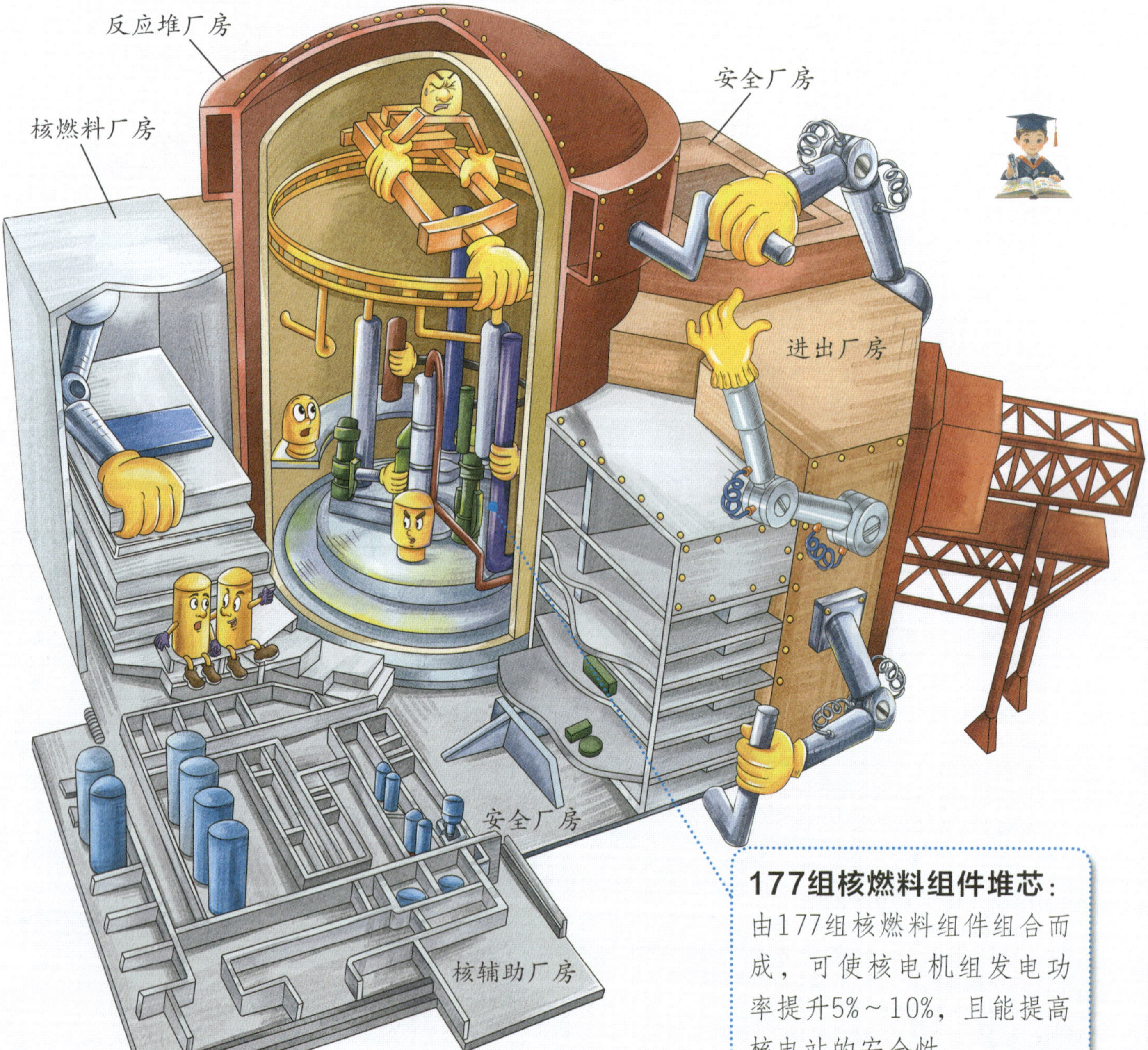

177组核燃料组件堆芯：
由177组核燃料组件组合而成，可使核电机组发电功率提升5%~10%，且能提高核电站的安全性。

核电站机组内部结构图

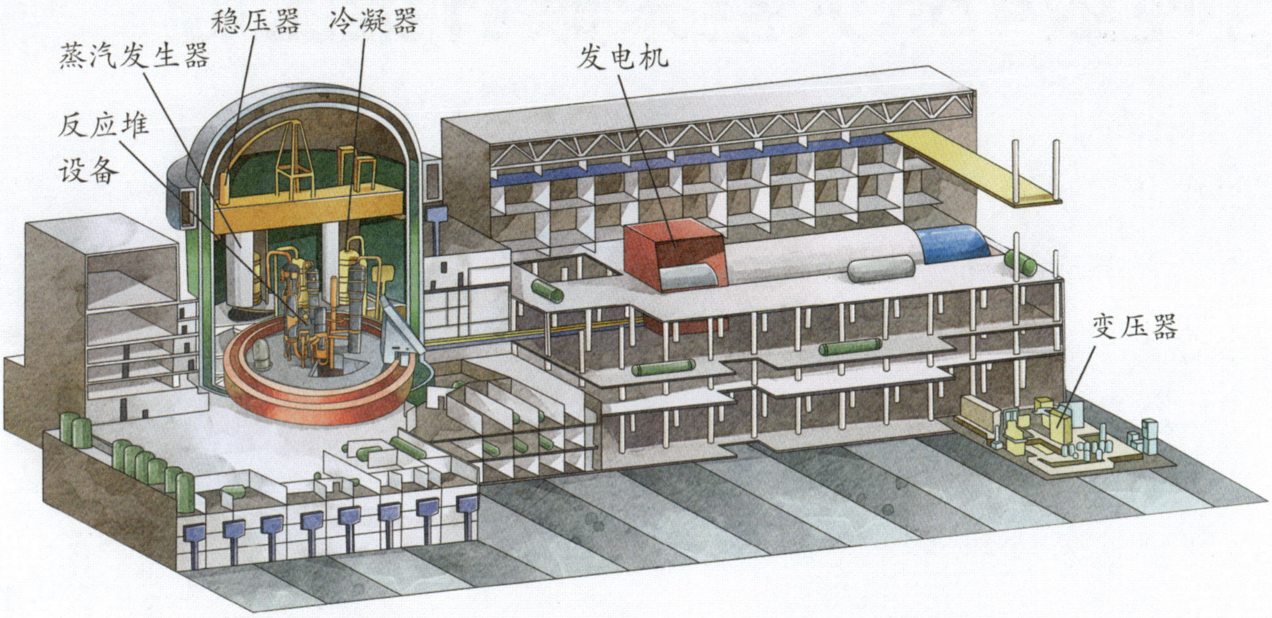

核反应堆内部图

核电站是怎样发电的?

核电站发电的基本原理是利用核裂变反应释放能量，然后将能量转化为电能，进行发电。核电站用铀制成核燃料（核燃料棒），让其在反应堆的设备内发生裂变，从而产生大量热能，接着让处于高压下的水把热能带出来，在蒸汽发生器内产生蒸汽，蒸汽紧接着推动汽轮机带着发电机旋转，就这样核能变成了电能。产生的电再经过稳压器和变压器调节电压后，通过输电线构成的电网，被输送到各地。而使用过的水蒸气，在冷凝器内部被冷却变成液态水后，被再次使用。

核燃料组件：由264根燃料棒束在一起组成。燃料棒是将浓度3%～5%的铀加工成燃料芯块，装进金属管中制成。

核岛：核电站的核心部分，包括反应堆厂房、核燃料厂房等。其中的反应堆厂房采用了坚固的双层安全壳技术。

核电站外部图

万吨级48K大丝束碳纤维工程

2022年10月，中国首个万吨级48K大丝束碳纤维工程的国产线正式投料开车，并生产出了合格产品，产品的性能可与国际同级别产品媲美。这标志着中国在碳纤维生产和装备上真正实现了自主可控。这套国产线生产的48K大丝束碳纤维可被用于风能、太阳能利用设备，以及高速列车、飞机部件等多个领域，被称为“新材料之王”。

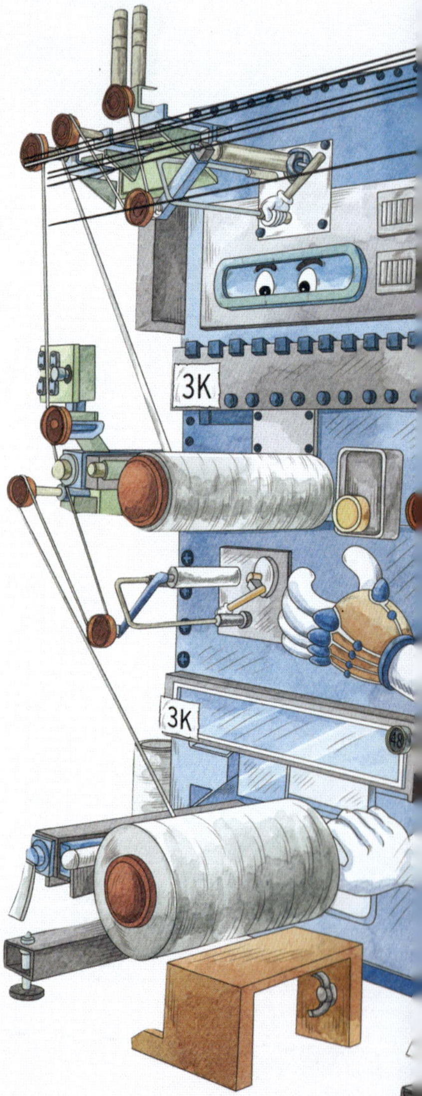

48K大丝束碳纤维是一种高强度新型纤维材料，含碳量在95%以上，每根纤维直径只有头发丝的1/8～1/7，相对重量不到钢的1/4，强度却是钢的7～9倍，并且具有耐腐蚀的特性。

小丝束与大丝束

在碳纤维行业内，通常将每束碳纤维根数大于4.8万根（简称48K）的称为大丝束碳纤维，将每束碳纤维根数小于2.4万根（简称24K）的称为小丝束碳纤维。与小丝束碳纤维相比，大丝束碳纤维可以大幅提高碳纤维产能和性能，实现生产低成本化，使碳纤维的应用领域更加广泛。

拉伸的碳纤维丝

碳纤维

碳纤维是指含碳量在90%以上，具有高强度、超强抗弹性变形的新型纤维材料。碳纤维是制造风电设备、高端装备、新能源汽车等的重要原材料，也是大型飞机、卫星、船舶等装备研制和更新换代的重要基础材料。碳纤维还可以被用于高速列车、城轨车辆、磁悬浮列车等轨道交通装备领域。旅行箱、护膝、船桨、氧气瓶等物品中也有它的身影。

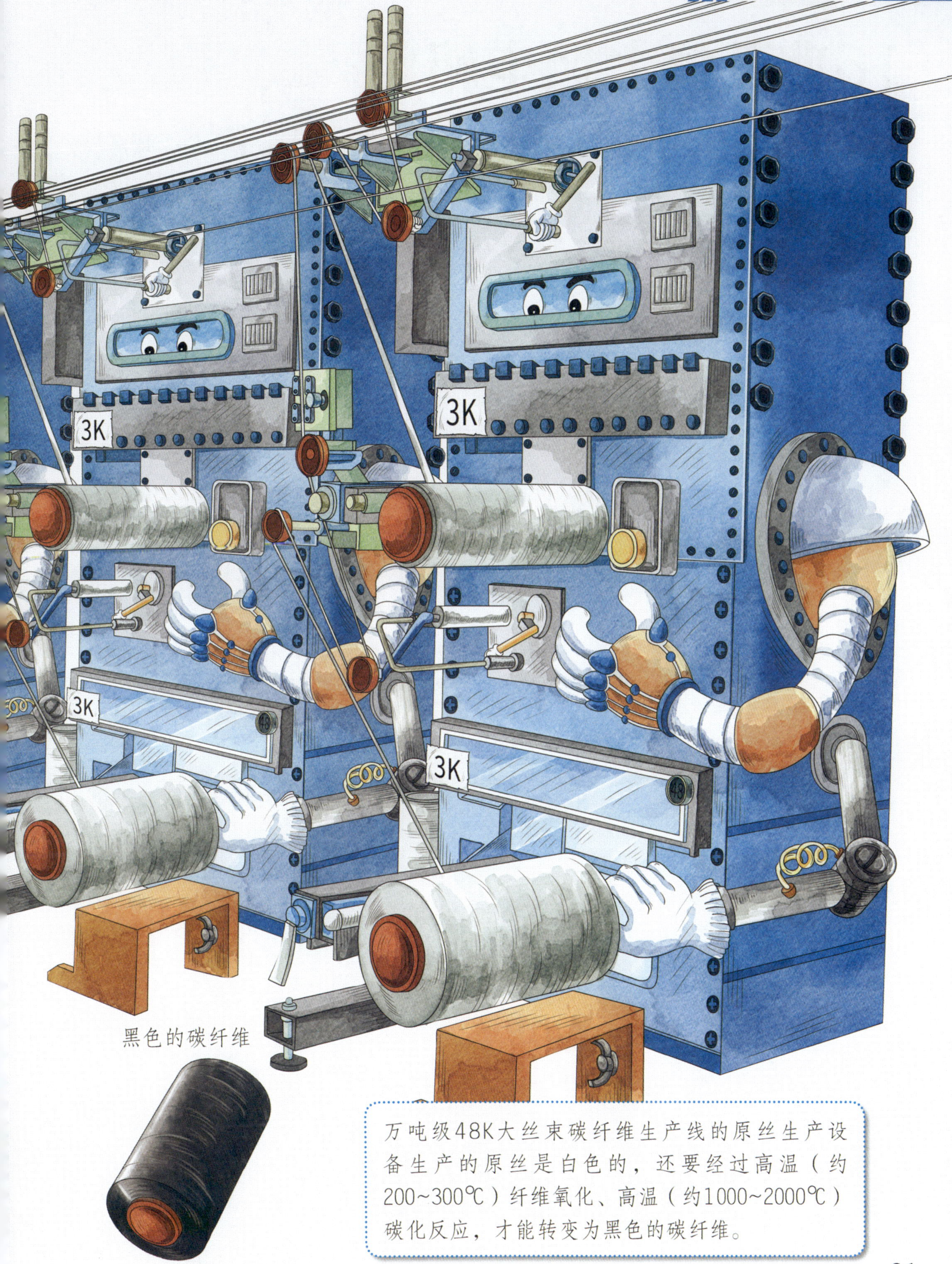

万吨级48K大丝束碳纤维生产线的原丝生产设备生产的原丝是白色的，还要经过高温（约200~300℃）纤维氧化、高温（约1000~2000℃）碳化反应，才能转变为黑色的碳纤维。

16兆瓦海上风电机组

2022年11月，中国自主研制的16兆瓦海上风电机组完成生产，它是目前世界上单机容量最大的“风电巨人”。16兆瓦海上风电机组巍然矗立在福建省北部的海域中，16兆瓦风机轮毂中心高约152米，相当于50层楼高。这款机组是目前世界上叶轮直径最大、单位兆瓦重量最轻的风电机组。

16兆瓦海上风电机组单台机组每年能输出超过6600万千瓦时的清洁电能，可以为大约3.6万户家庭提供一整年的用电量。

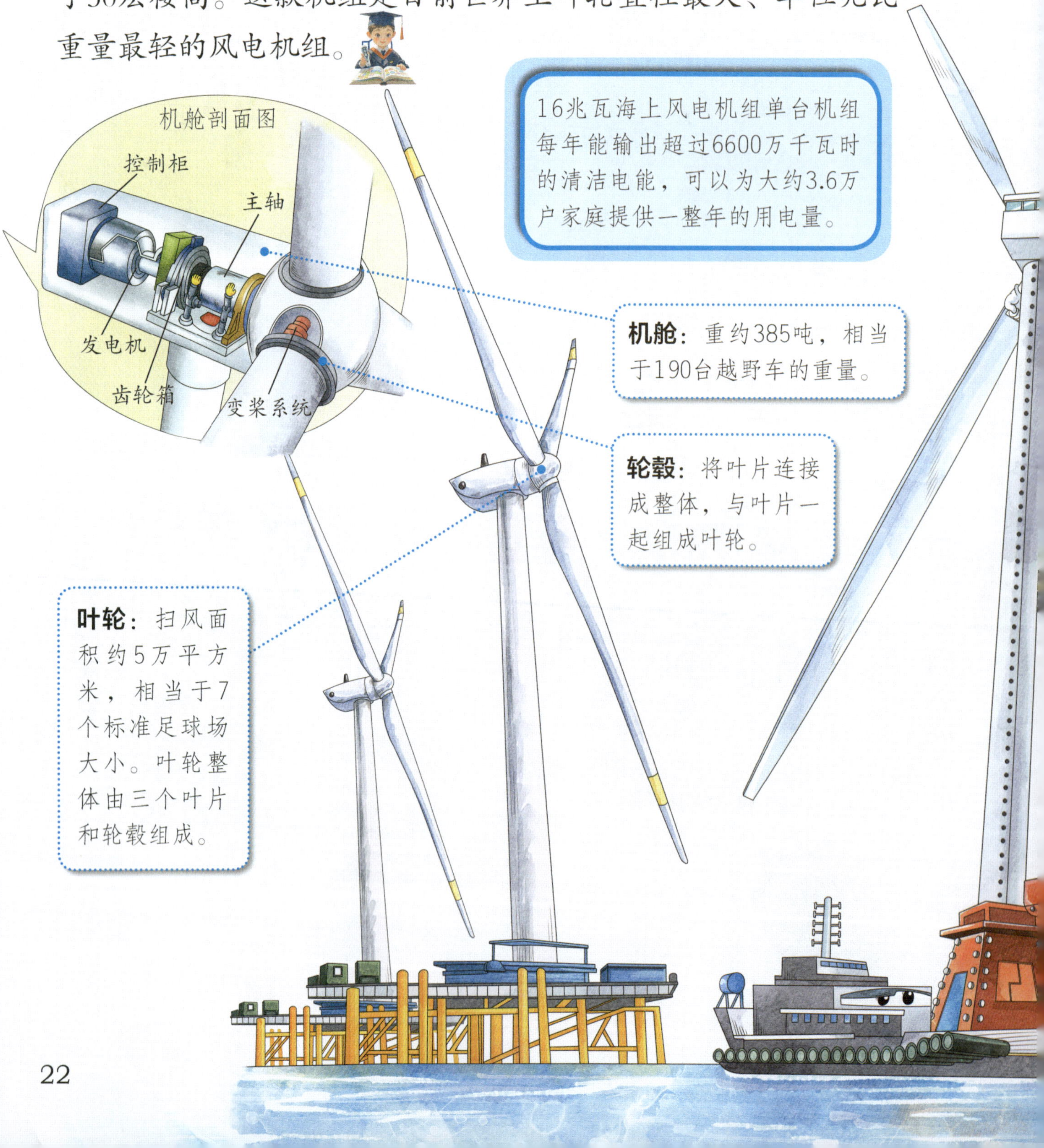

16兆瓦海上风电机组机舱与轮毂结构图

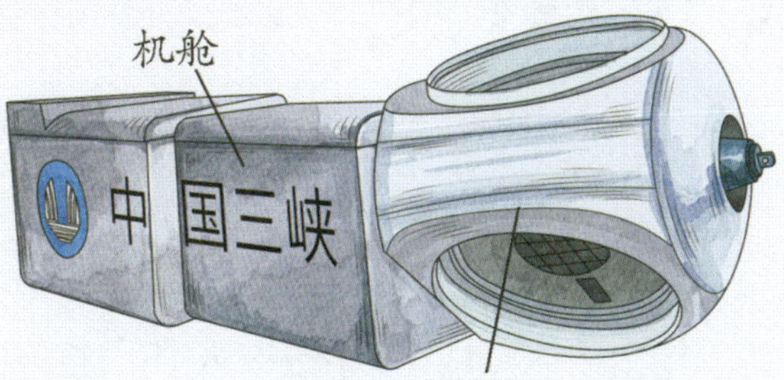

智能化与数字化并行的机舱

16兆瓦海上风电机组整机有数百个传感器，每个机舱上也安装了激光雷达，雷达可以实时感知风机运行情况及其周围的温度、湿度、风速、震动情况等，使得机组运行实现了数字化和智能化。

海上的电如何输送到陆地？

在海上风电系统中，风电机组将风能转换成电能，通过海底电缆将电能输送到升压换流站，对电能进行升压和换流处理，然后再将电力输送到陆地电网。

海上风电机组输电图

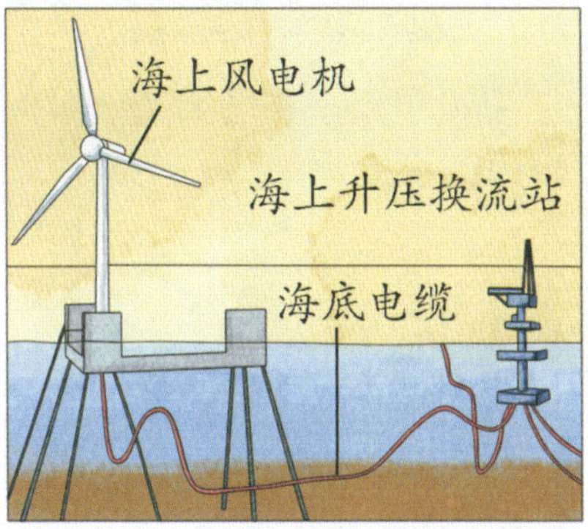

叶片：长约123米，足以容纳约300名成年人并肩站立。叶片的主要材料是碳纤维，可以有效减轻叶片质量，方便陆上运输。

“白鹤滩号”：中国首艘2000吨级第四代海上风电安装平台，全船长约126米，宽约50米，可以克服风浪流等复杂海况影响，精准定位风机的安装位置。

F级50兆瓦重型燃气轮机

重型燃气轮机是发电和驱动领域的核心设备，是国家科技水平和综合国力的象征。2020年11月27日，中国自主研发的首台F级50兆瓦重型燃气轮机顺利实现满负荷稳定运行。2022年11月，它进入了工程应用阶段，这标志着中国在重型燃气轮机领域实现了从“0”到“1”的科技突破。

F级50兆瓦重型燃气轮机整机有2万多个零部件，工作压力18个大气压，相当于海底180米深度的水压，工作温度超过1300℃，接近火山岩浆的高温，每分钟转速可达6000转。和同功率火力发电机组相比，它一年可减少碳排放量超过50万吨，联合循环1小时发电量超过7万千瓦时，大约可满足7000个家庭1天的用电需求。

F级50兆瓦重型燃气轮机的工作步骤

1.燃料在燃烧室中与空气混合并燃烧，产生高温燃气。

2.高温燃气通过涡轮机膨胀，推动涡轮叶片旋转。

3.涡轮叶片通过输出轴将机械能传递给发电机或其他机械装置，使其运转。

4.剩余的高温燃气可以通过燃气轮机的排气系统排出机外。

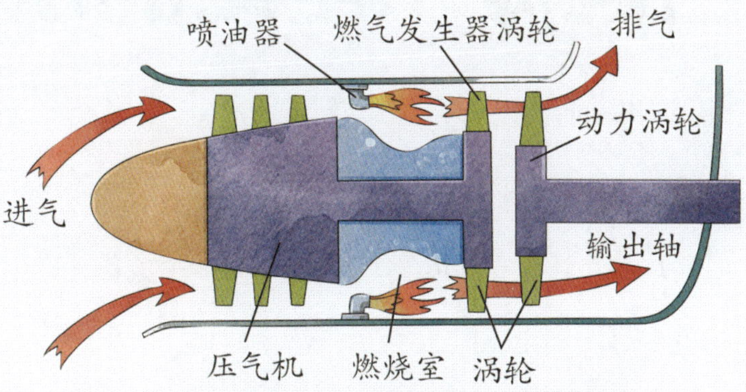

燃气轮机结构图

内部的齿轮

F级50兆瓦重型燃气轮机内部的齿轮主要用于传递机械能，将涡轮机的动力传递给发电机或其他机械装置，通常采用高强度合金钢制造，并进行精细的加工和热处理。

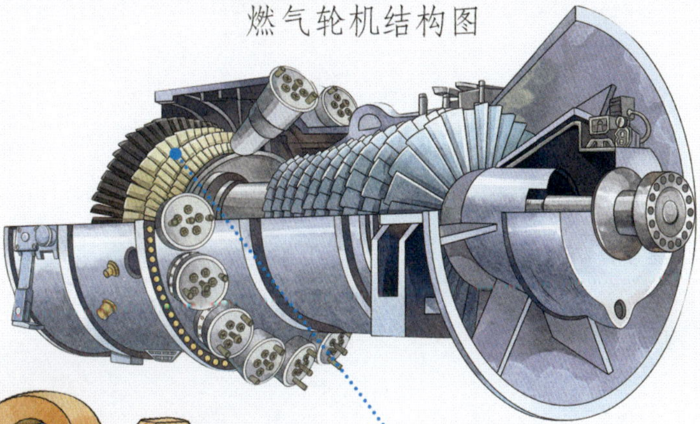

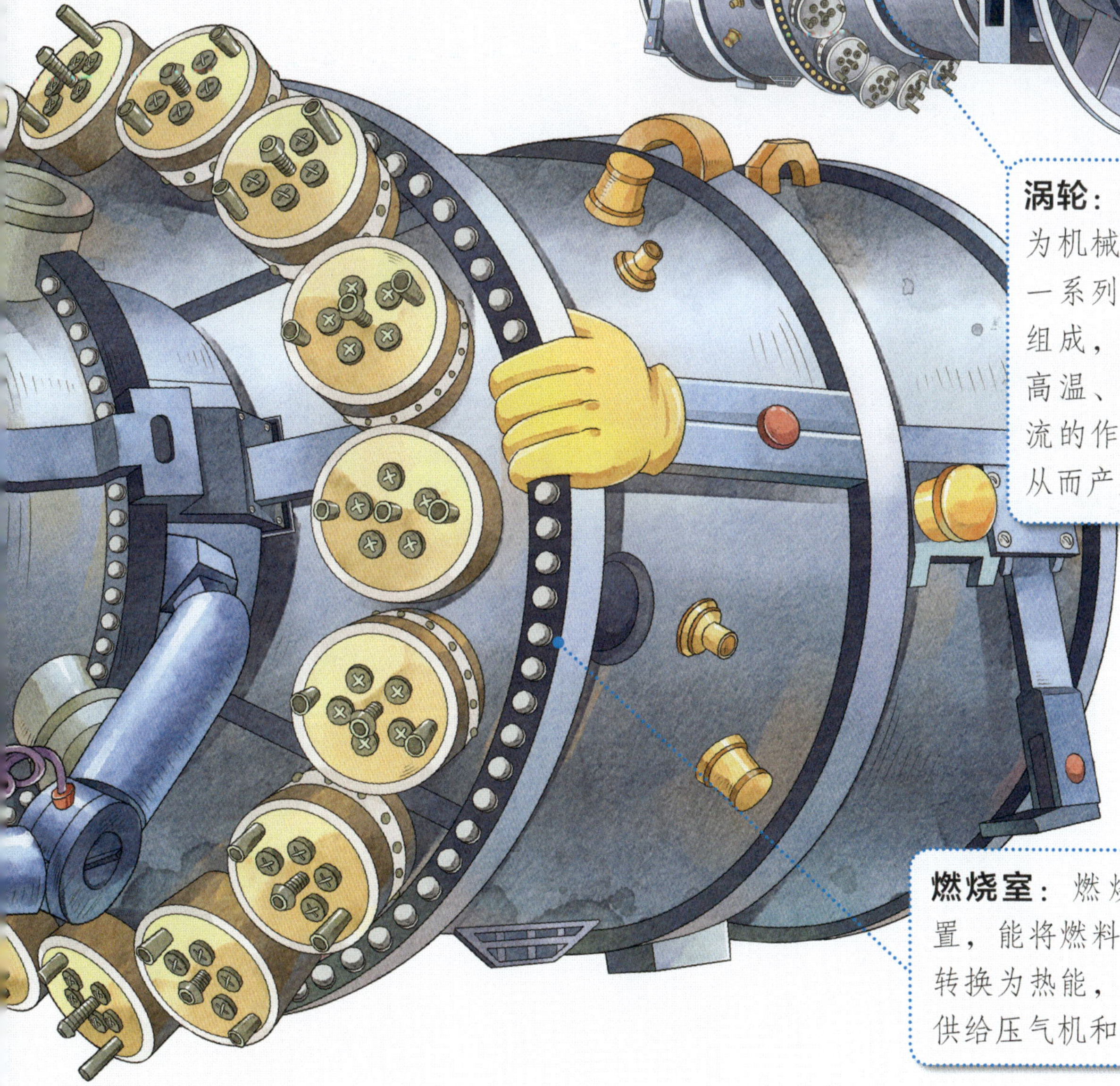

涡轮：将热能转换为机械能，通常由一系列旋转的叶片组成，这些叶片在高温、高压的燃气流的作用下旋转，从而产生机械能。

燃烧室：燃烧燃料的装置，能将燃料中的化学能转换为热能，并把热能提供给压气机和涡轮机。

白鹤滩水电站的水轮发电机组

目前，世界上单机容量最大的水轮发电机组位于中国白鹤滩水电站的左右两岸，在这里，一共布置了16台单机容量为100万千瓦的水轮发电机组，一台水轮发电机组就重8000多吨。这些机组完全由中国自主设计、制造，研发难度远远大于世界上其他在建和投运的机组，因此被誉为世界水电行业的“珠穆朗玛峰”。

水轮发电机组的转子

转子决定了水轮发电机的稳定性，它每转一圈，就像心脏跳动了一次，从而把电输送到千家万户。白鹤滩首台水轮发电机的转子外径约16.5米，高约3.9米，总重量约2440吨，远超过世界上常规水轮发电机组的转子重量。

正在吊装水轮发电机组的转子

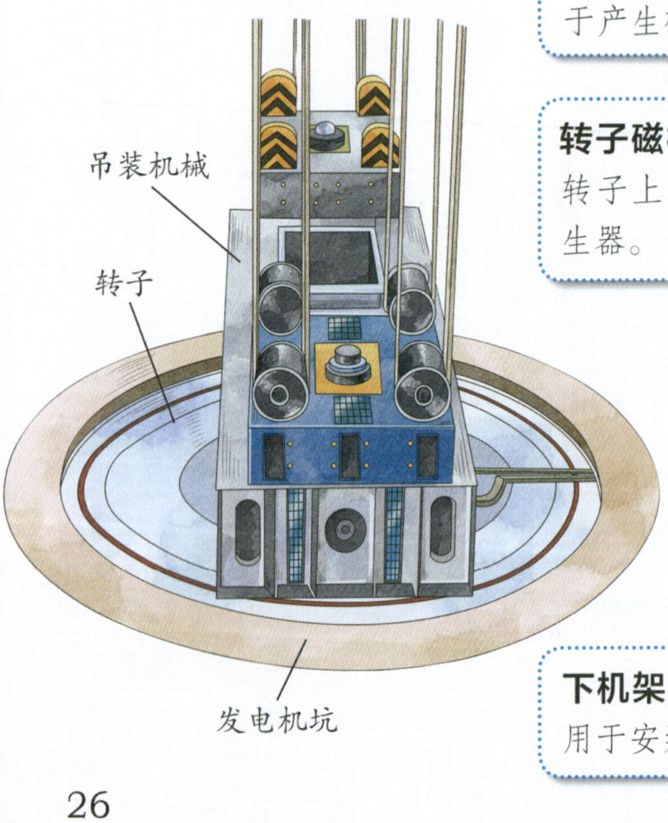

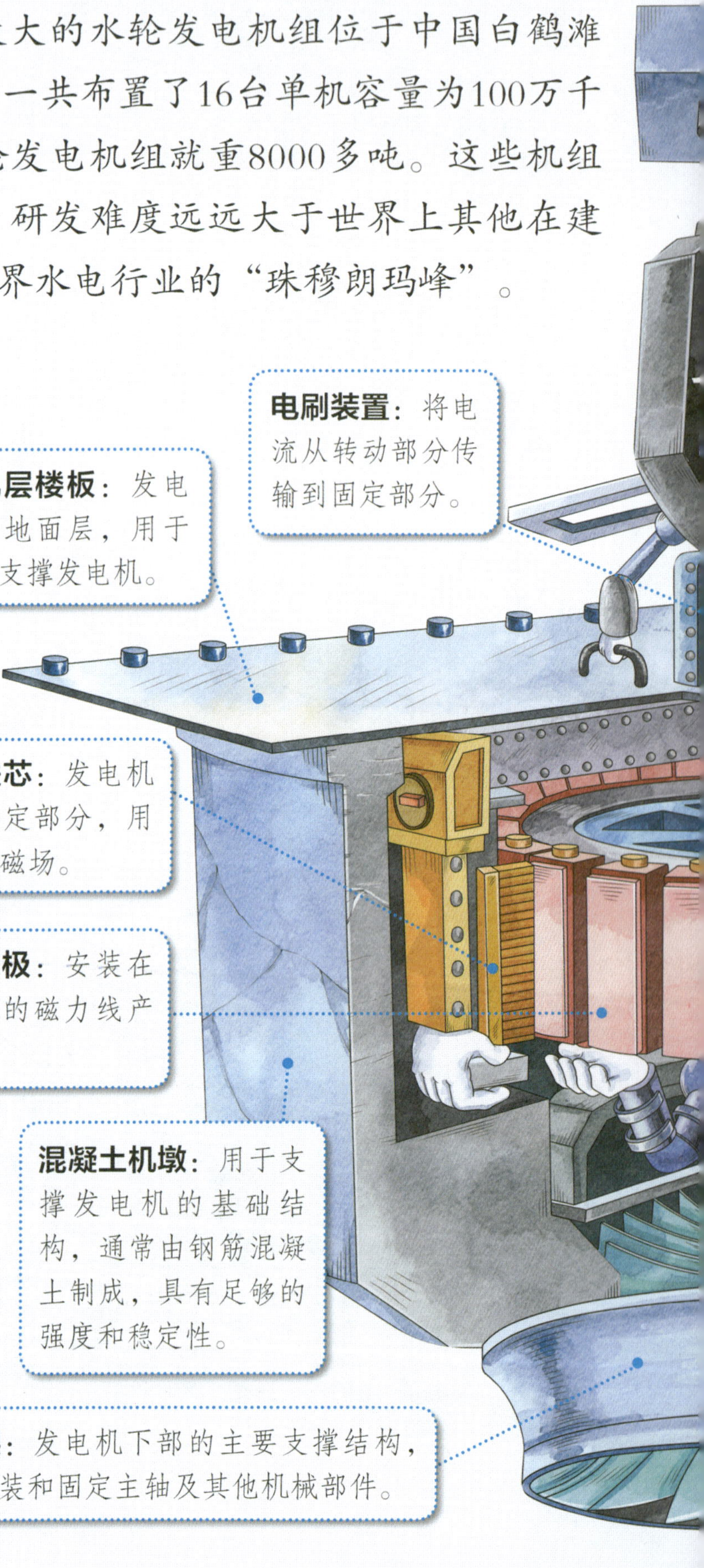

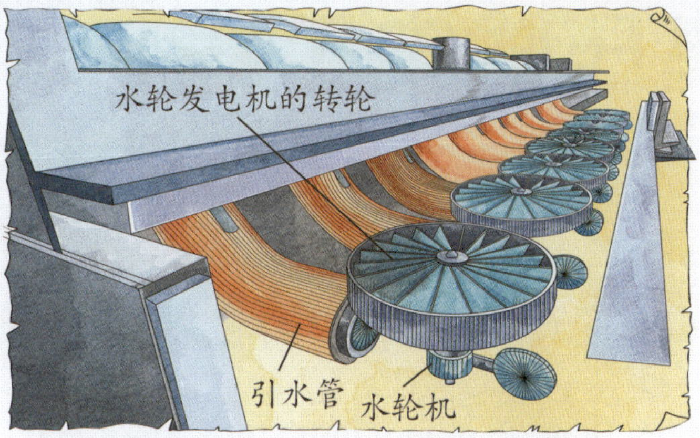

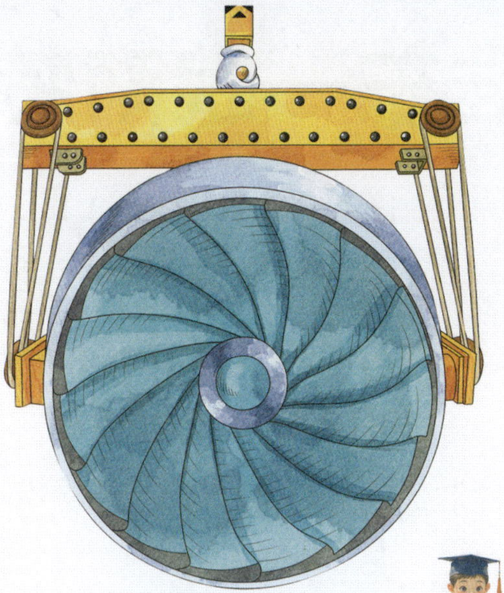

水轮发电机组工作原理

水库中的水通过明渠、涵洞等输水管道引流到发电站，水流通过引水管进入水轮机，水轮机将水能转化为旋转的机械能，带动发电机的转轮，最终将机械能转换为电能。

水电机组的转轮

转轮是水电机组的核心，白鹤滩水电站的水轮发电机组采用了长短叶片转轮，即在15个长叶片的进口位置，分别插入约为长叶片一半的短叶片，这使得在不增加出口水流拥挤程度的同时，水轮机效率提高了0.5%。

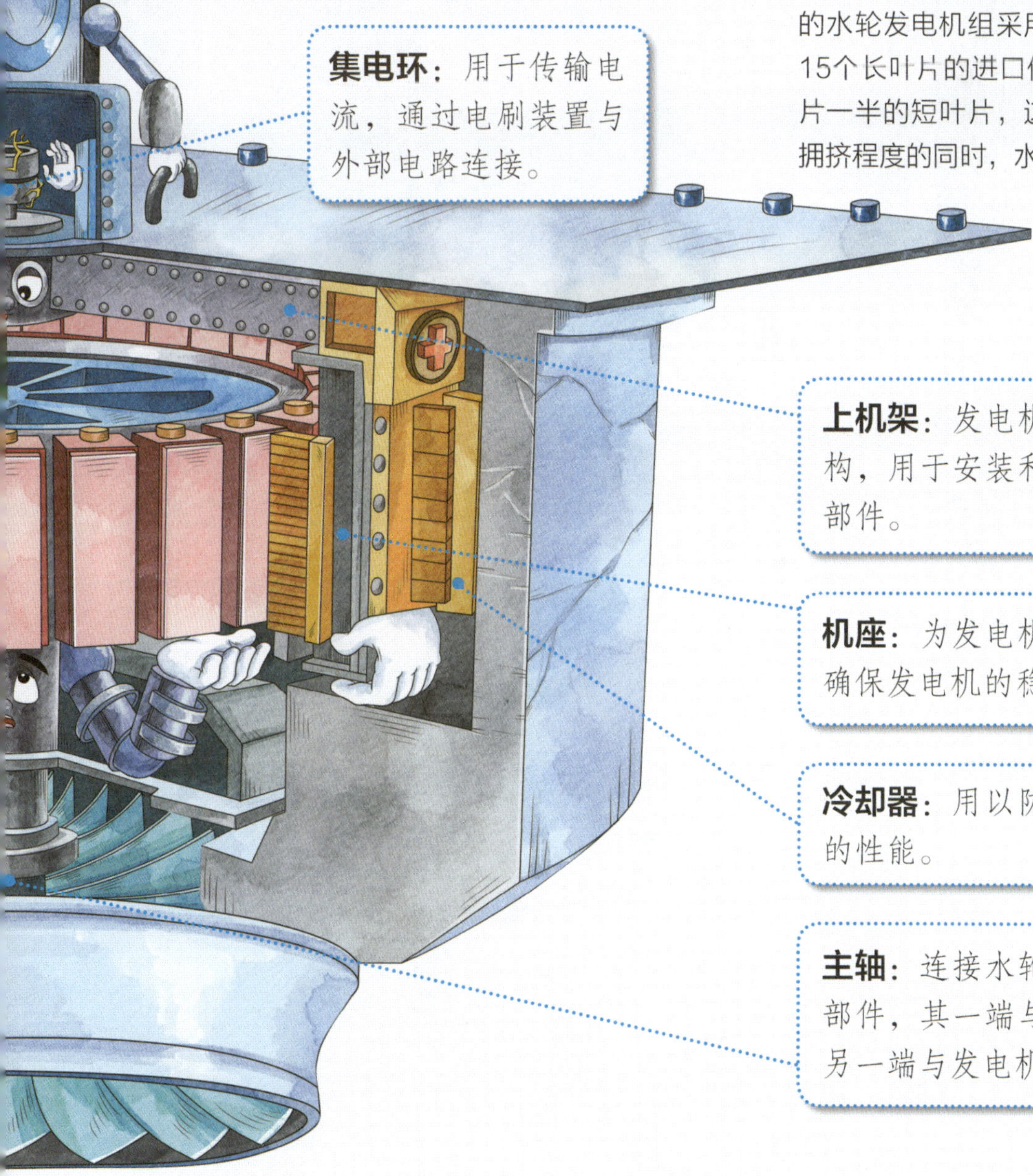

集电环：用于传输电流，通过电刷装置与外部电路连接。

上机架：发电机上部的主要支撑结构，用于安装和固定定子和转子等部件。

机座：为发电机提供基础支撑，并确保发电机的稳定运行。

冷却器：用以防止过热影响发电机的性能。

主轴：连接水轮机和发电机的关键部件，其一端与水轮机的轴连接，另一端与发电机的转子连接。

准东—皖南特高压输电工程

2016年1月，中国准东—皖南±1100千伏特高压直流输电工程正式开工建设。它是目前世界上电压等级最高、输送容量最大、输送距离最远、技术水平最先进的特高压输电工程，也是中国首条远距离输送1100千伏特高压输电工程。这项工程标志着特高压输电技术成为“中国制造”又一张闪亮的名片。

准东—皖南±1100千伏特高压直流输电工程的送电线路的起点位于新疆维吾尔自治区昌吉回族自治州，终点位于安徽省宣城市，途经新疆、甘肃、宁夏、陕西、河南、安徽6省（区），工程线路总长约3324千米。

特高压输电技术：交流1000千伏、直流±800千伏及以上电压等级的输电技术。它与较低电压输电方式相比具有输送距离长、容量大、损耗低、节约土地资源等优势，是世界上最先进的输电技术。

特高压换流变压器

特高压换流站的主要作用是实现电力的高效传输和分配，而特高压换流变压器则是它的“超强心脏”。特高压换流变压器能实现交流电与直流电的相互转换，为整个直流输电系统提供稳定的电压和电流，其性能和可靠性直接影响整个系统的运行效果。

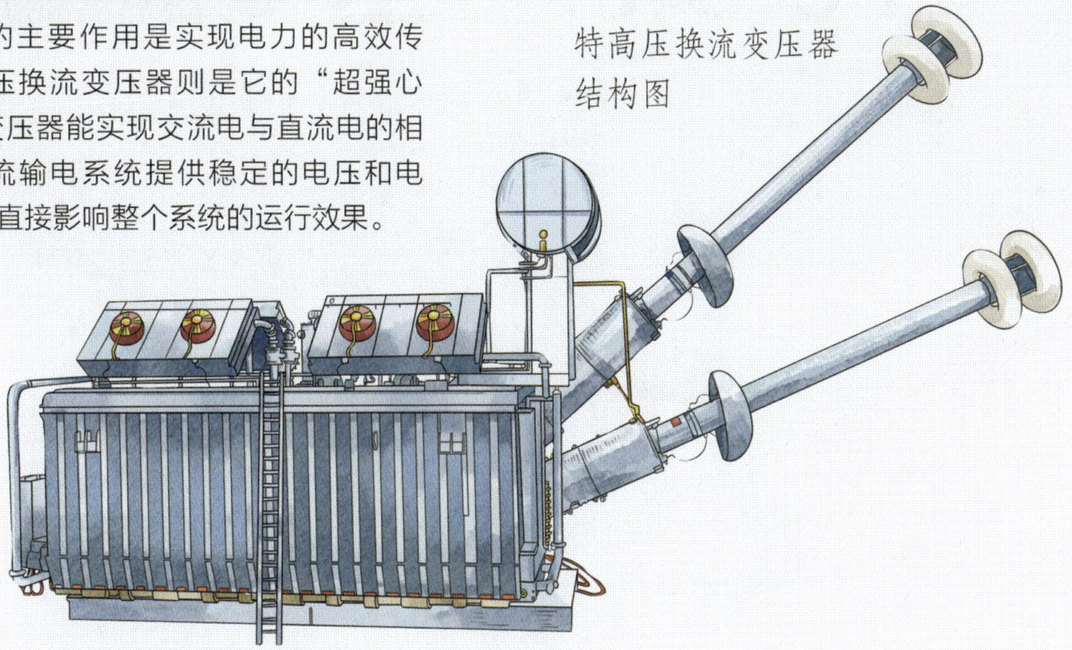

特高压换流变压器结构图

特高压换流阀

特高压换流阀可将直流电流从一个方向转换到另一个方向，或者将直流电流从交流电流转换过来。特高压换流阀通过控制半导体元件的通断，实现电流的逆变或整流，是直流输电的核心设备之一。

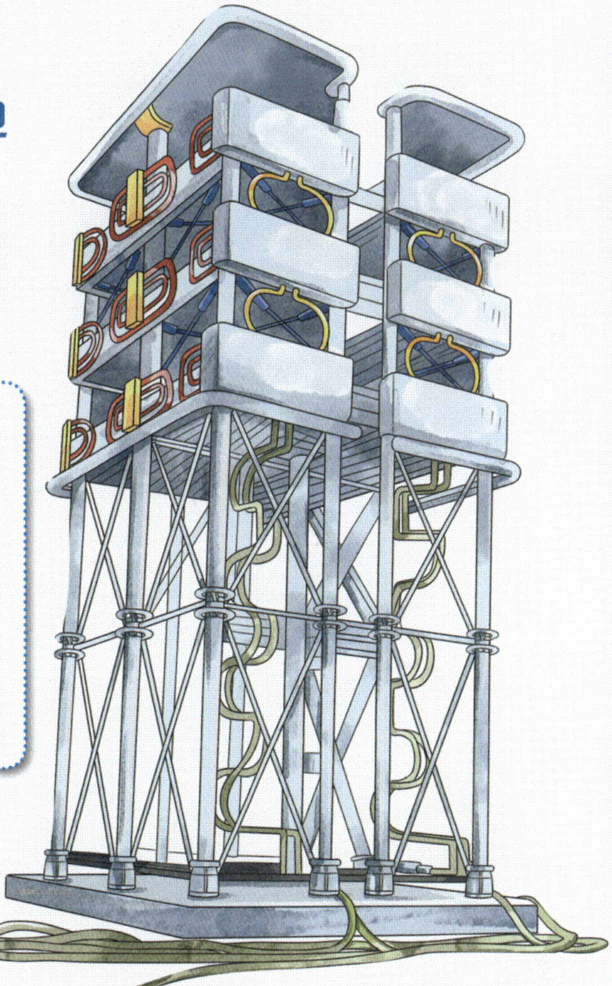

特高压换流阀

±1100千伏特高压输电

与±800千伏特高压输电相比，±1100千伏特高压输电的输电容量提升了50%，经济输电距离由原来的2000千米提升到3000～5000千米。

±1100千伏换流站： 工程的受端站，占地面积相当于50个标准足球场大小，拥有世界上最大的换流变压器、最高的户内直流场以及最重的户内平波电抗器等设施。

D5200-240塔式起重机

D5200-240塔式起重机是一款超大型塔式起重机，它是目前世界最大的水平臂上回转自升塔式起重机。这台起重机整体采用钢结构设计，主要由起重臂、塔身、配重、吊钩和驱动系统等部分组成，拥有强大的起重能力和稳定的性能。它像一个“建筑巨人”，为各种大型建设项目的施工提供有力保障，于2010年8月下线。

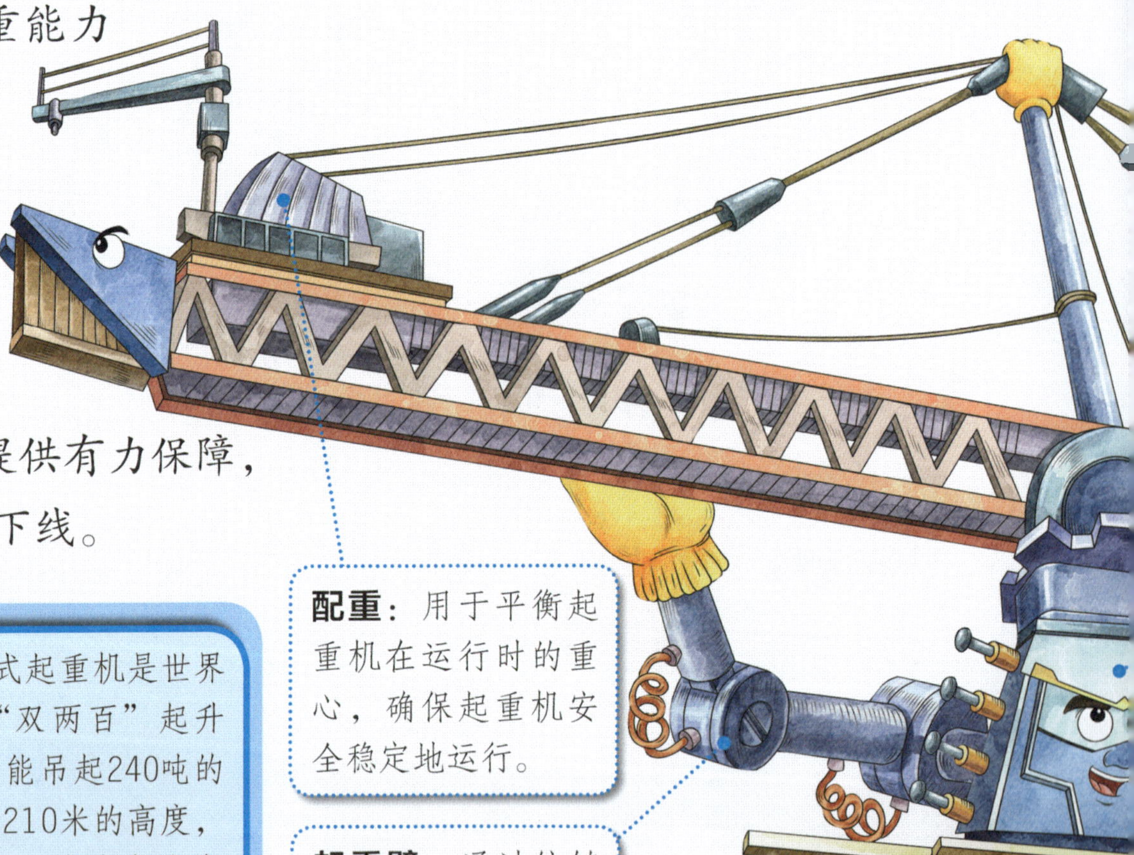

配重：用于平衡起重机在运行时的重心，确保起重机安全稳定地运行。

起重臂：通过铰链连接塔身，可进行360° 的旋转，是起重机的关键部分。

D5200-240塔式起重机是世界上首台具备“双两百”起升能力的塔机，能吊起240吨的重物并提升到210米的高度，相当于一次将60头成年大象吊高到70层楼的高度。

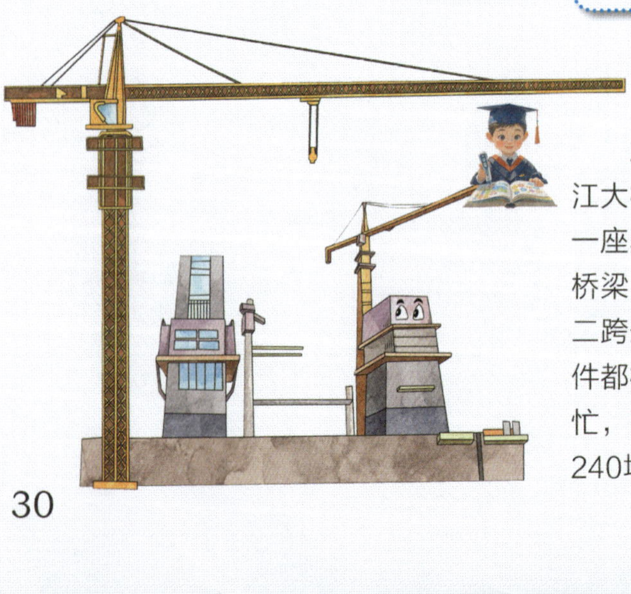

D5200-240塔式起重机搭建桥柱

建桥的能手

2008年12月，安徽省马鞍山长江大桥开始动工，它是中国建造的又一座具有世界先进水平的特大型公路桥梁，也是世界上主跨距最大的三塔二跨悬索桥。由于这座世界性大桥构件都相当大，需要强大的起重机来帮忙，而机型超大、高性能的D5200-240塔式起重机便成为最佳选择。

安全性高的起重机

D5200-240塔式起重机采用了视频监控技术，实时监控起重机的工作状态、起升电机的温度、电气控制系统的运行、起升钢丝绳排绳、风速等情况，在预警和报警状态时，驾驶室多功能显示器会及时提示塔机操作人员防范风险，保障安全。

D5200-240塔式起重机工作场景

便捷的安装与拆卸

D5200-240起重机安装起来既快捷高效又安全。它的安装单元体积小，重量不超过60吨，满足公路运输。还首创了大尺寸连接销轴的安装拆卸技术以及大尺寸销轴安装拆卸系统。该系统包括拔销装置、拉销装置、液压装置等，便于装拆的大尺寸销轴，使塔式起重机的平均安装、拆卸时间减少到15分钟左右。

DE400采矿自卸汽车

中国研制生产的DE400采矿自卸汽车是目前世界第二大汽车，同时也是世界载重量最大的电传动自卸车。DE400采矿自卸车采用智能制动技术，可防止误操作。整车配备了自动称重系统、集中灭火系统、快速注油系统、自动润滑系统及各种安全设备，保证整车运行的安全高效，于2012年11月下线。

DE400采矿自卸汽车的车身长15.92米、宽10米、高7.63米。它的载重量可达400吨，举升时间24秒。它的行驶速度也很快，最高行驶速度可达每小时50千米。

货厢：呈簸箕形，特殊设计的加强筋结构能够有效降低货厢重量，尾部采用梯形结构。这些设计特点大大提高了卸货和装载效率。

排气管：安装在前轮上方，而不像传统车辆的排气管被安装在后方。

电传动结构

电传动就是由柴油机带动发电机发电，产生的电力再传送给车轮位置的电动机，从而带动车轮转动，即先发电、再用电的过程。DE400采矿自卸汽车采用中国自主研制的交流电传动系统，安全可靠，故障率低，牵引能力强，保证了较高的生产效率。

DE400采矿自卸汽车的电传动结构

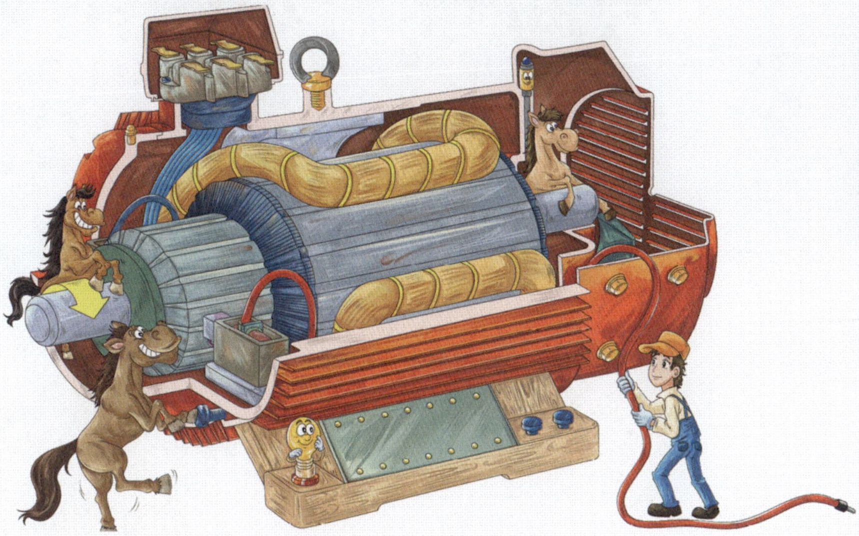

驾驶室：带有大尺寸的后视镜和倒车影像系统，配备了舒适的悬浮座椅、大功率冷暖空调、电动升降车窗、电除霜后视镜等部件。

格栅：位于车身前，呈巨型正方形，两侧带有扶梯，可直接通向驾驶室。

DE400采矿自卸汽车的轮胎

DE400采矿自卸汽车的车轮直径约4米，一个轮胎的重量约5.3吨，这使得车辆具有强大的承载能力和稳定性。轮胎还采用了特殊的胎面设计，以提供更好的牵引力和抓地力。

“宏海号”龙门吊

“龙门吊”就是门式起重机，它主要由一根主梁和两条支撑主梁的支脚组成，酷似一个门框。它不仅可以用于港口装卸货物，还可在大型船只建造上发挥重要作用。中国自主研制并拥有自主知识产权的“宏海号”龙门吊，于2014年11月首次投入使用，是目前世界上最大的龙门吊。

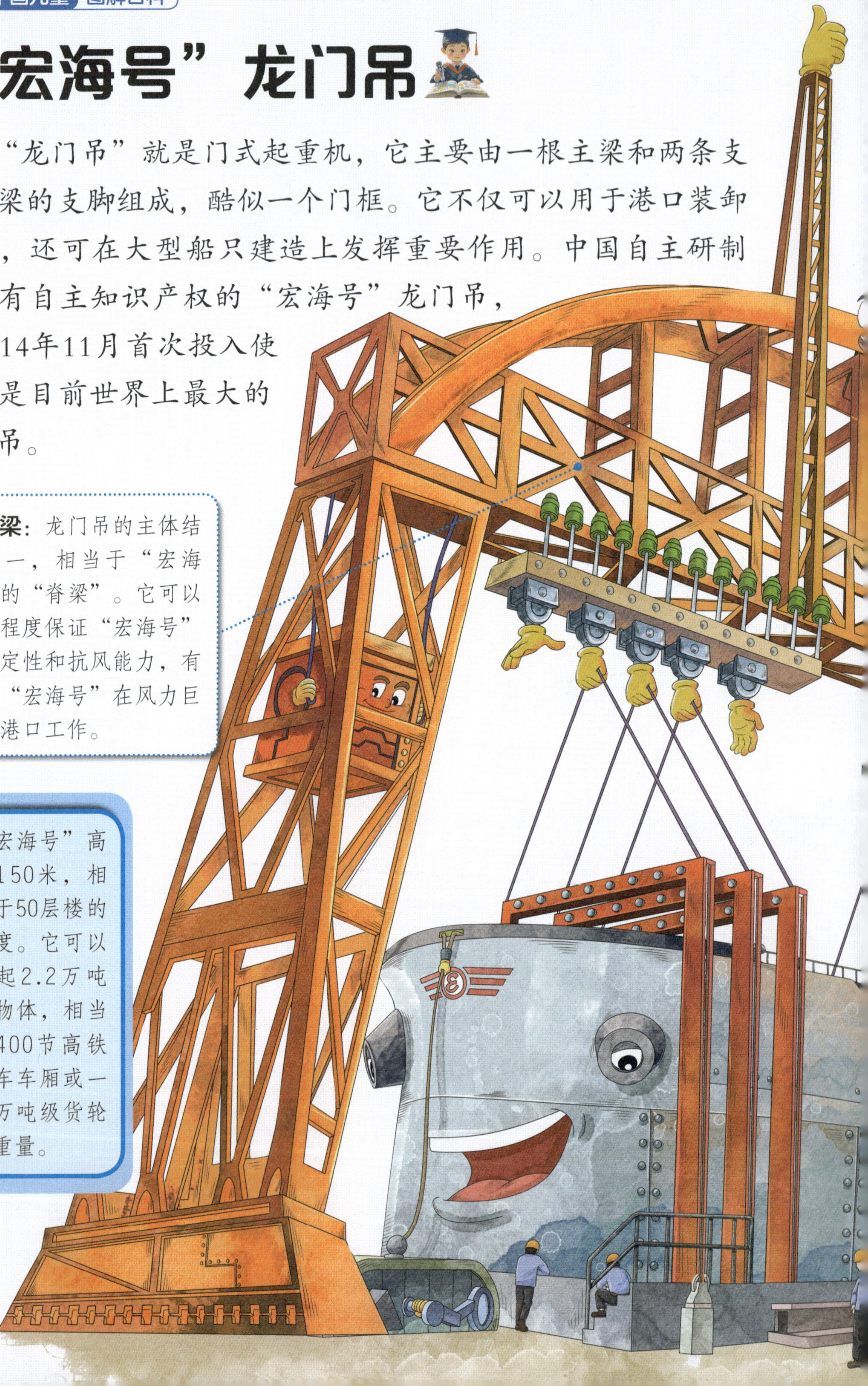

桁架梁：龙门吊的主体结构之一，相当于“宏海号”的“脊梁”。它可以最大程度保证“宏海号”的稳定性和抗风能力，有利于“宏海号”在风力巨大的港口工作。

“宏海号”高约150米，相当于50层楼的高度。它可以吊起2.2万吨的物体，相当于400节高铁列车车厢或一条万吨级货轮的重量。

自动化轨道吊

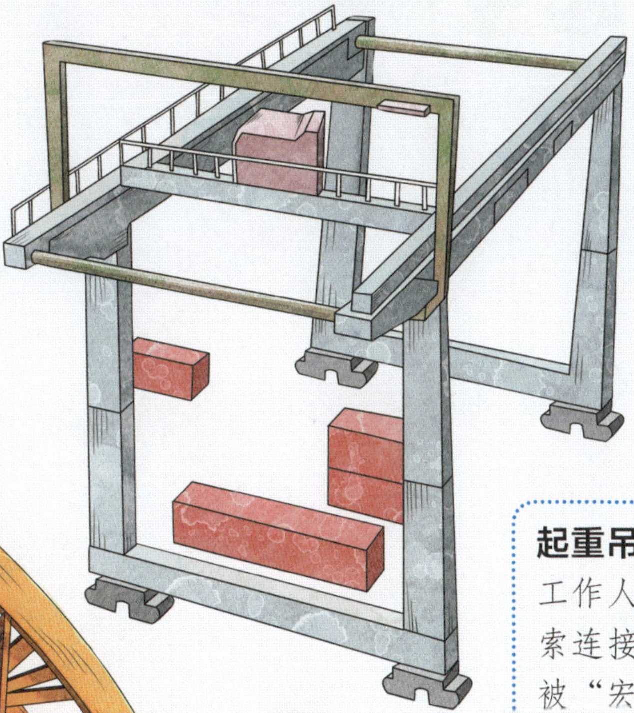

码头的自动化轨道吊

轨道吊与龙门吊一样，常常出现在港口、码头等地。它是帮助船只将大型集装箱送上岸的“小助手”。早期的轨道吊只能由一个司机进行操控，如今有了现代科技的帮助，轨道吊已经实现自动化，司机可以远程“1对N”操控，大大节省了人力、物力，提升了工作效率。

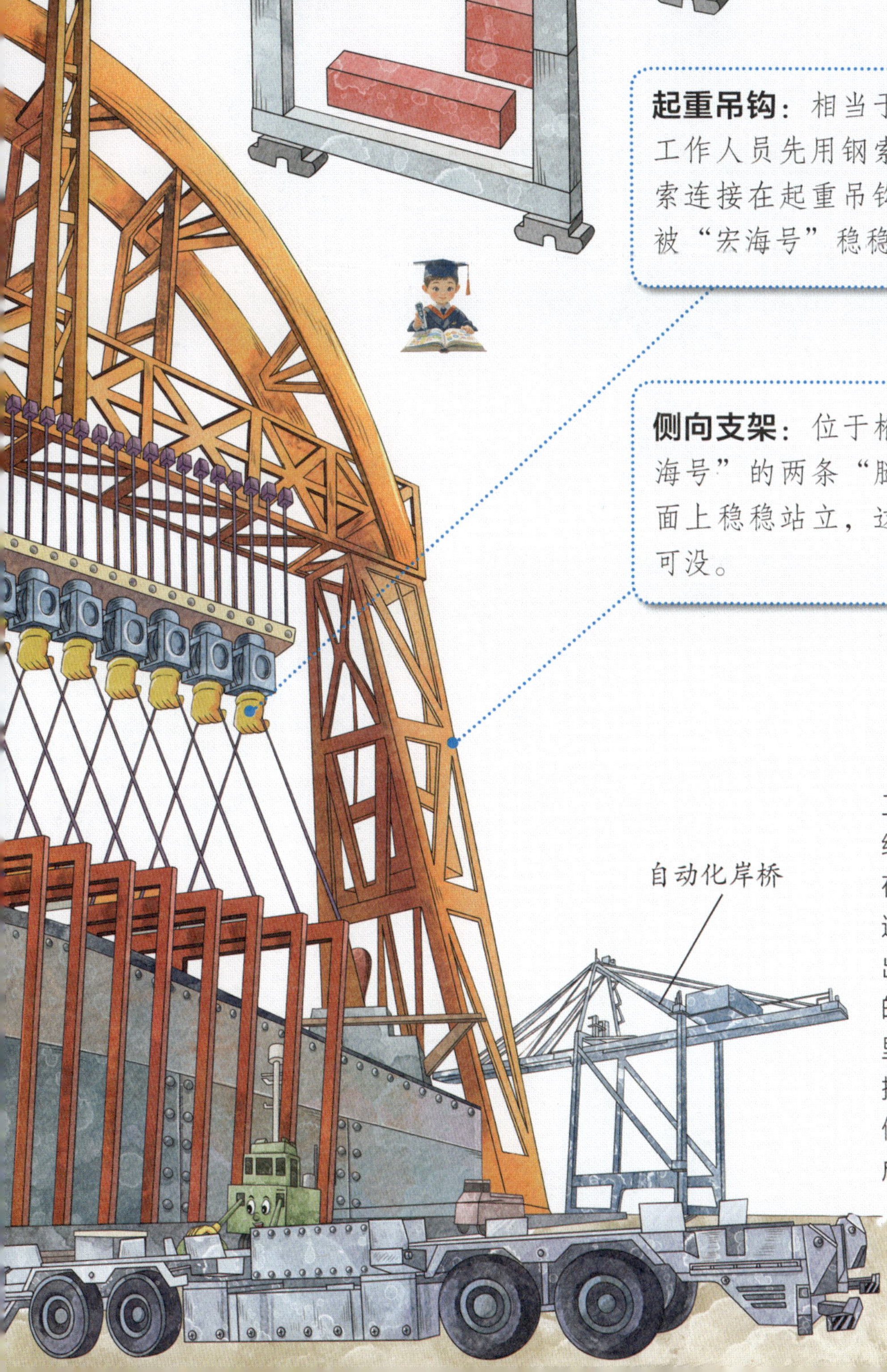

起重吊钩：相当于“宏海号”的“手”。工作人员先用钢索将货物固定好，再将钢索连接在起重吊钩上，上万吨的巨轮就能被“宏海号”稳稳地“提”起来。

侧向支架：位于桁架梁两侧，相当于“宏海号”的两条“腿”。“宏海号”能在地面上稳稳站立，这两条结实的“腿”功不可没。

自动化岸桥

巨大的自动化岸桥

岸桥是码头作业的“搬运工”和“调度员”，在以往的传统模式下，岸桥工作需要司机坐在位于高空的驾驶室里，长时间进行俯视作业，工作环境较差，出错概率也较高。“宏海号”的自动化岸桥可让司机在远控室里，通过操作台和屏幕进行远程操控。巨大的岸桥像一个不知疲倦的工人，自动化、智能化地完成自己的工作。

“振华30号”起重船

2016年5月，“振华30号”起重船在上海市长兴岛基地交付，它是中国自主建造的，也是世界上最大的全回转起重船，拥有自航能力，加满油后，它可以绕地球航行一圈半。它可为海上吊装、救助打捞、桥梁工程建设和港口码头施工等提供装备支撑。与普通起重船相比，它节约了拖轮费用和拖航时间，作业更加精准灵活。

“振华30号”起重船的体形非常庞大，船体长约300米，宽58米，排水量约15.8万吨。它的体积大约是目前最大的航空母舰的3倍，单臂固定起吊1.2万吨重物，相当于60架波音747客机的重量，还可以吊起7000吨重物并做360°全回转，是名副其实的“海上大力士”。

“振华30号”吊装港珠澳大桥最终接头

完成港珠澳大桥最终接头安装

“振华30号”起重船在建设港珠澳大桥中发挥了极为重要的作用。2017年5月2日，“振华30号”吊起港珠澳大桥的最终接头，这段接头是重达6000吨的巨大钢筋混凝土结构。在30米深的海底，“振华30号”稳定且准确地将接头安装在两节巨型沉管之间，让港珠澳大桥工程迎来完美收官。

如何保持船体平衡？

“振华30号”通过压载水仓来维持船体平衡，当船体一侧负重不均时，另外一侧的压载水舱快速地注入一定量的压载水，通过海水的重量来保持船体的平衡，让起吊装置平稳，保证最终接头没有晃动和偏差。

“振华30号”维持平衡示意图

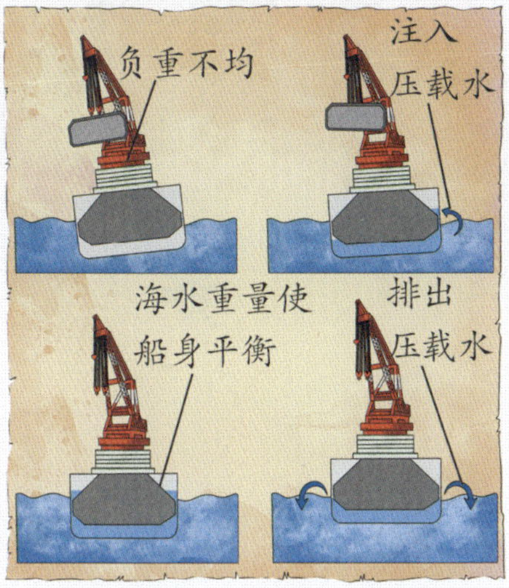

“振华30号”拥有保持静止的DP2动力定位功能，可以在舱室出现故障后，在规定的环境条件下和作业范围内，仍能自动保持船舶的位置和船艏方向。

“振华30号”的船身由一艘巨型油轮改造而成，分为主船体、艏部起重机平台和艉部生活区平台三部分。

“电磁橇”设施

2022年10月，中国建成的世界首个电磁推进地面超高速试验设施——“电磁橇”设施，在山东省济南市成功运行。“电磁橇”是一种利用电磁力推动大质量物体，使其达到超高速的推力装置。它就像一只强力“弹弓”，将吨级以上的重物“发射”出去，最高推进速度达每小时1030千米。

强磁场：利用电磁推进技术产生的一种高强度磁场，主要用于驱动和控制列车的运行。磁铁、导体和电源协同工作，电流经过导体时产生磁场，磁场又对导体产生作用力，使重物“悬浮”起来，随后重物再被电磁场的强大推力推动，从而达到惊人的超高速度。

电磁轨道：利用电磁推进技术建造的轨道系统，是电磁加速的关键部分。在运行过程中，“电磁橇”所推动的物体保持“悬浮”状态，大大降低了摩擦力，不仅保证了物体的高速，还让运行变得更加稳定、安静。

电磁驱动地面超高速试验“电磁橇”的基础设施

高速磁悬浮列车

中国首批高速磁悬浮列车从德国进口，已于2003年在上海试运营。这一批磁悬浮列车共3节，车厢为全密封设计，速度峰值为每小时432千米。它不仅噪声小、振动小，还更为环保节能。

超高速试验轨道

超高速试验轨道

这条长长的轨道是地面超高速电磁试验的“加速带”，均匀布满在轨道上的电磁装置具有强大的作用力，将轨道上的重物“托起”并“推动”，并不断提升其速度。

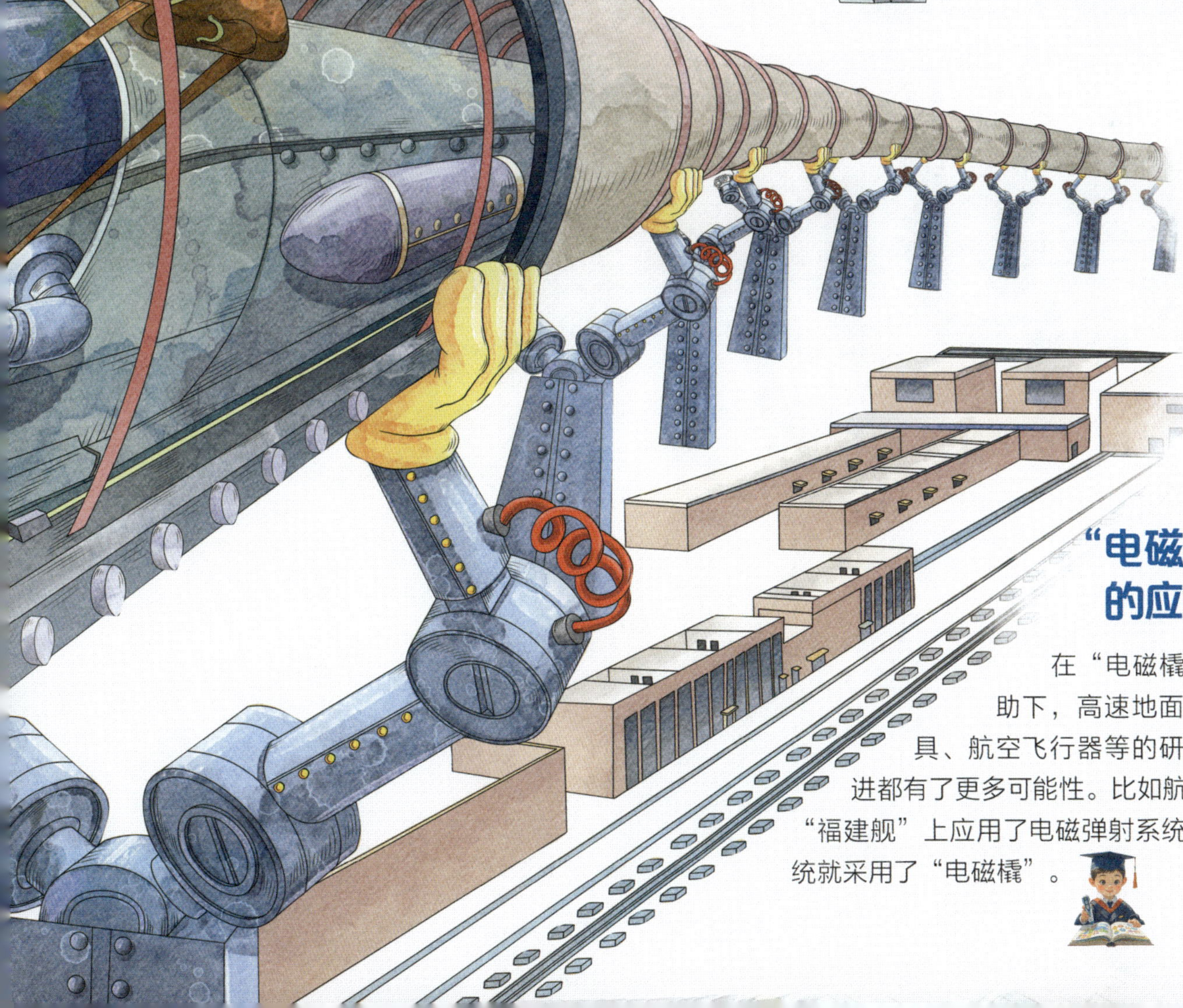

“电磁橇”的应用

在“电磁橇”的帮助下，高速地面交通工具、航空飞行器等的研发与改进都有了更多可能性。比如航空母舰“福建舰”上应用了电磁弹射系统，该系统就采用了“电磁橇”。

JF-22超高速风洞

研发各类飞行器，都需要进行大量模拟飞行的实验，所以人们便建造了一种大型气动实验装置，它相当于地面上的“飞行天空”，供研发的飞行器进行飞行实验，这便是风洞。2023年5月，爆轰驱动超高速高焓激波风洞（简称JF-22超高速风洞）通过验收。它是一台高超声速和超高速领域的超大型实验仪器，是中国研制的新一代飞行器的摇篮。

JF-22超高速风洞总长167米，喷管出口2.5米，实验舱直径4米。JF-22超高速风洞能复现40～90千米高空且每秒2.5～10千米的飞行速度。科学家们实测它的最高速度可达每秒10.1千米，如果以实验室声速度量，相当于30倍声速的飞行条件。飞行器的速度越快，要求风洞产生的“风”就越大。

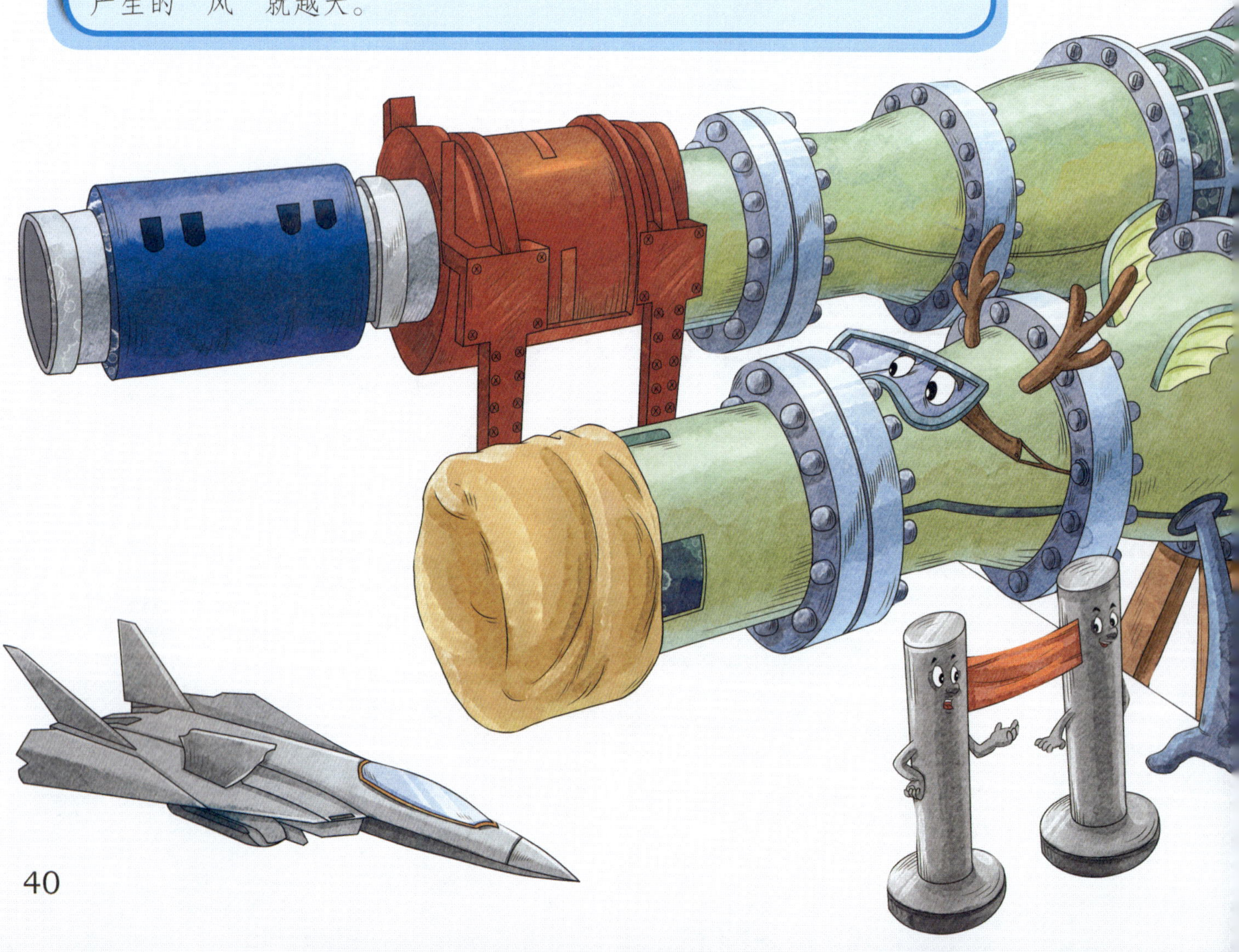

JF-12激波风洞结构示意图

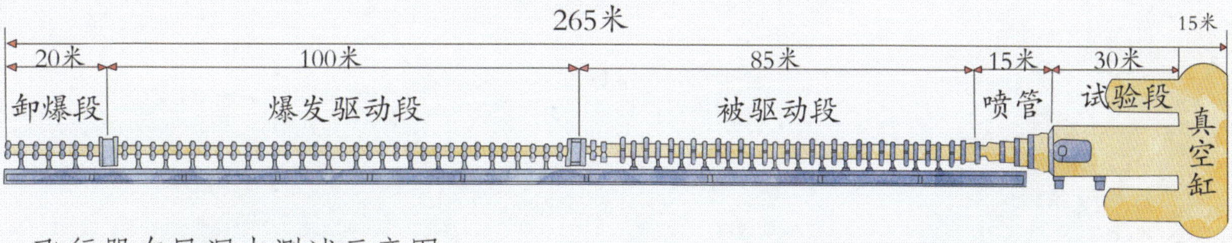

飞行器在风洞内测试示意图

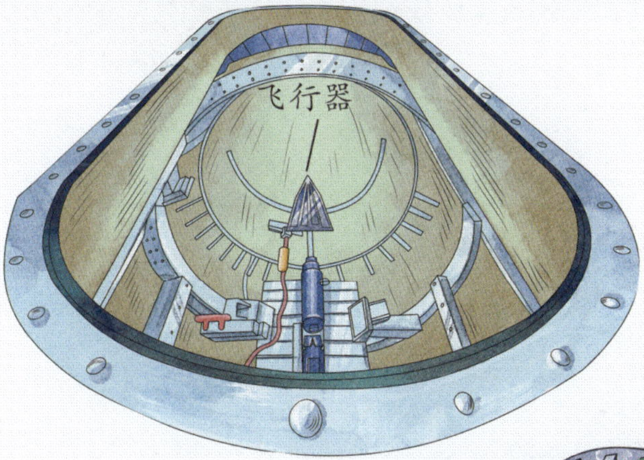

JF-12激波风洞

JF-12激波风洞是中国首个具有独立知识产权的高超声速风洞。它的主体是一根金属材质的长管子，长达265米，居世界激波风洞长度之首。这个风洞的特点在于它没有运动部件，仅仅靠一道激波，就能在试验段里复现高空25～40千米以及5~9倍声速的高超声速飞行环境。

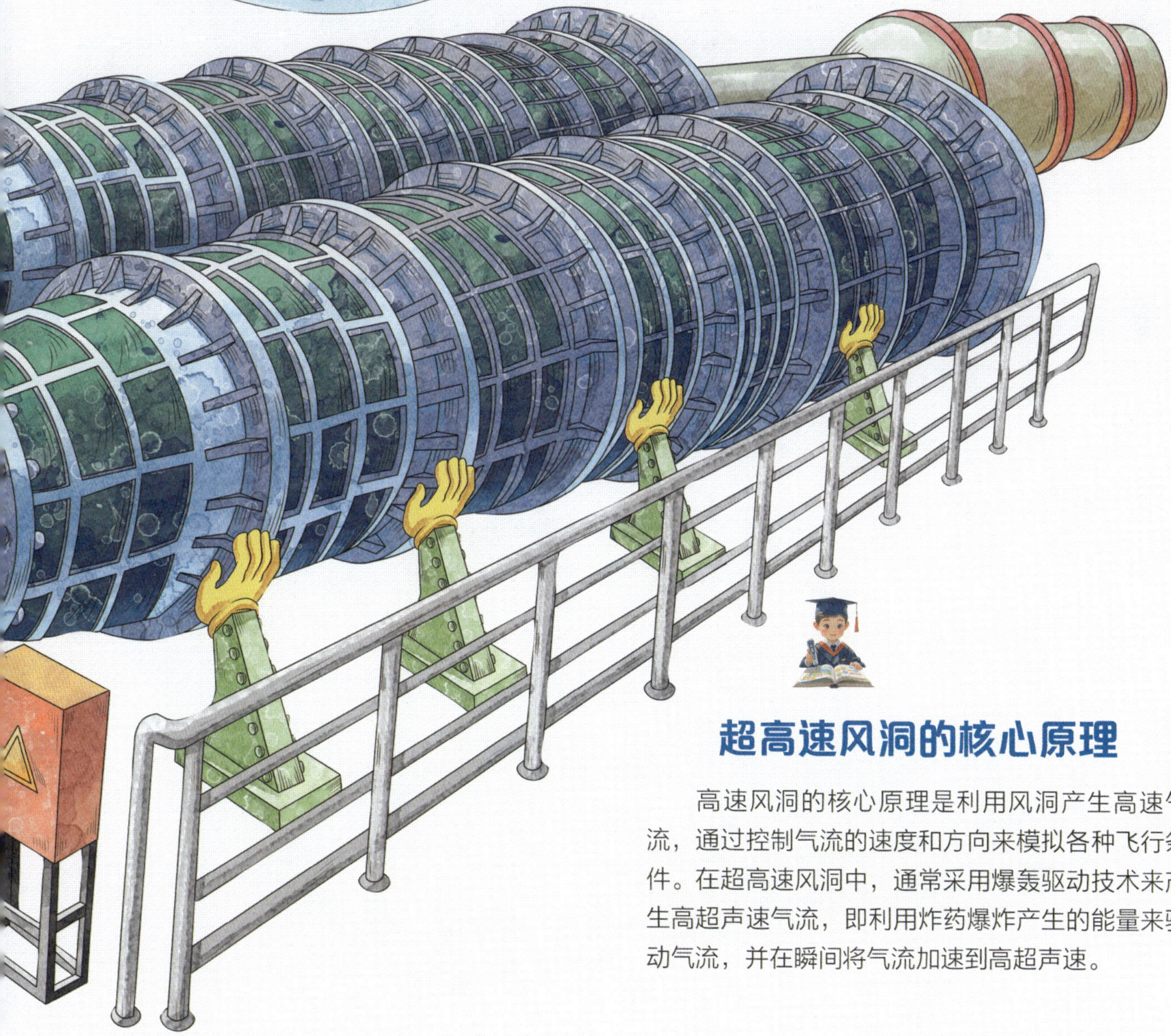

超高速风洞的核心原理

高速风洞的核心原理是利用风洞产生高速气流，通过控制气流的速度和方向来模拟各种飞行条件。在超高速风洞中，通常采用爆轰驱动技术来产生高超声速气流，即利用炸药爆炸产生的能量来驱动气流，并在瞬间将气流加速到高超声速。

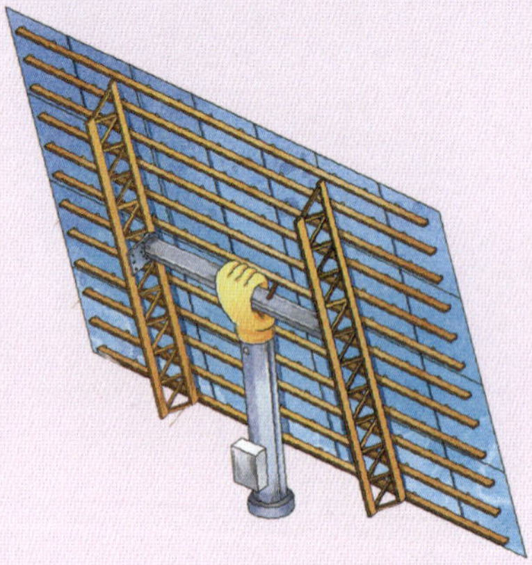

造福万家的工程

超级工程的建设不仅展示和检验了国家的技术实力，更造福了亿万人民。三峡大坝为长江防洪提供了坚实的保障，也为华东、华南地区提供了稳定的电力供应；“南水北调”工程解决了北方地区长期以来的水资源短缺问题，让亿万人民告别了“十年九旱”的困境；上海洋山深水港使中国成为世界上最大的货物进出口国，为国内外贸易提供了便利，促进了世界经济的繁荣；如东海上风电场则是中国在海上风能资源开发利用方面的重要举措，对推动清洁能源发展、减少温室气体排放具有重要意义……这些伟大工程的建设，让中国的发展成果切实地惠及到了每一个家庭。

“南水北调”工程

中国为了将南方地区丰富的水资源送到缺水的北方地区，便开始建设“南水北调”工程。这项工程主要是将长江流域富余的水调到华北、西北地区，整体工程规划分为东线、中线和西线。东线和中线工程的一期工程分别于2013年、2014年完成，二期工程建设正在进行中；西线工程还没有开工。

“南水北调”规划最终调水规模448亿立方米，建设时间40～50年，是世界上规模最大的调水工程。自2014年“南水北调”工程通水以来，至2024年5月，“南水北调”东线、中线一期工程累计调水720多亿立方米，沿线7省（市）超1.76亿人受益。

东线工程方案规划分三期建设。一期工程调水主干线全长1466.5千米，从长江下游江苏省扬州市抽引长江水，沿京杭大运河北上，并连接洪泽湖、骆马湖、南四湖、东平湖。出东平湖后东线工程主要分两路：一路向北穿黄河后自流到天津，另一路是向胶东地区供水。

中线工程方案输水主干线长约1432千米。分两期实施。由汉江上游的丹江口水库引水，中线工程跨长江、淮河、黄河、海河四大流域，经郑州市、石家庄市等城市一直流向北京市、天津市。

穿黄隧洞纵剖面示意图

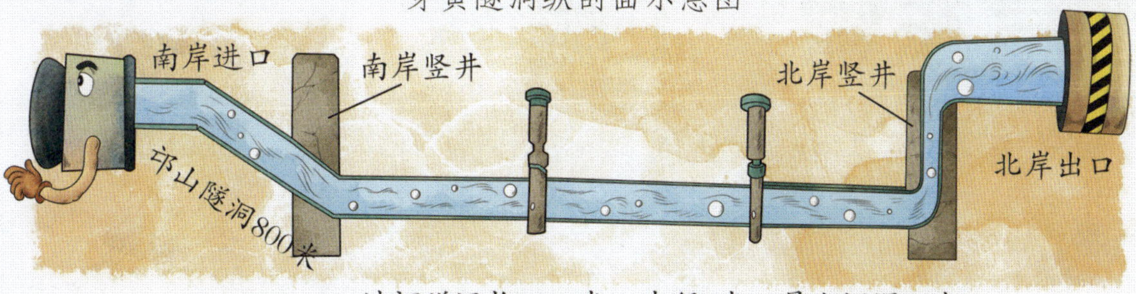

过河隧洞长3450米，内径7米，最小埋深23米

穿黄工程

穿黄工程是“南水北调”中线工程最宏大的地下隧洞工程，其任务是将中线调来的长江水从黄河南岸输送到黄河北岸。在建设时，建设者们首先在黄河南北两岸各挖一口直径18米、深76米的竖井，然后从两口竖井放置盾构机。2007年7月和2008年3月，下游线和上游线盾构机分别顺利始发，自北向南开挖黄河隧洞。最终，建设者们在黄河底部凿出了两条长4250米的隧洞，每条隧洞内径7米。

穿黄隧洞外观图

京杭大运河局部

西线工程方案从长江上游的通天河、雅砻江、大渡河引水入黄河，以解决西北地区的缺水问题。具体方案在深入研究讨论中。

京杭大运河

京杭大运河从春秋时期便开始建造，它是世界上里程最长、工程最大的古代运河，也是最古老的运河之一。大运河北起北京市，南到杭州市，已有2500多年的历史了。如今，这条古老的运河在“南水北调”工程中，再次发挥着重大的历史作用。

“西气东输”工程

“西气东输”工程是中国距离最长、口径最大的输气管道工程，是集找气、产气、输气、用气于一体的超级工程。这项工程于2002年7月全线开工，旨在将中国西部丰富的天然气资源输送到东部经济发达地区，以满足日益增长的天然气需求。目前，“西气东输”已进行到四线工程，总里程超2万千米，相当于绕地球赤道大约半圈。

一线工程的主要供气源是新疆维吾尔自治区塔里木盆地的天然气，以长江三角洲地区为主要供给地。它西起塔里木油田、轮南油气田，东至上海市，全长约4200千米，是中国自行设计和建设的第一条世界级天然气管道工程，也是西部大开发的标志性工程。

二线工程的主要供气源是中亚地区的天然气，是中国首条引进境外天然气资源的战略通道工程，也是目前世界上线路最长、工程量最大的天然气管道。它西起新疆维吾尔自治区霍尔果斯口岸，南至广州市、香港特别行政区，干线全长约4900千米，加上若干条支线，管道总长度约9000千米。

三线工程的主要供气源是中亚地区的天然气，并以塔里木盆地的增产气和新疆煤制气作为补充气源，管道总长超7000千米（含在建的中段工程）。它西起新疆维吾尔自治区霍尔果斯市，东至福建省福州市，管道分东、中、西三段，西段是从霍尔果斯市到宁夏回族自治区中卫市，中段是从中卫市至江西省吉安市，东段是从吉安市至福州市。

“西气东输”管道示意图

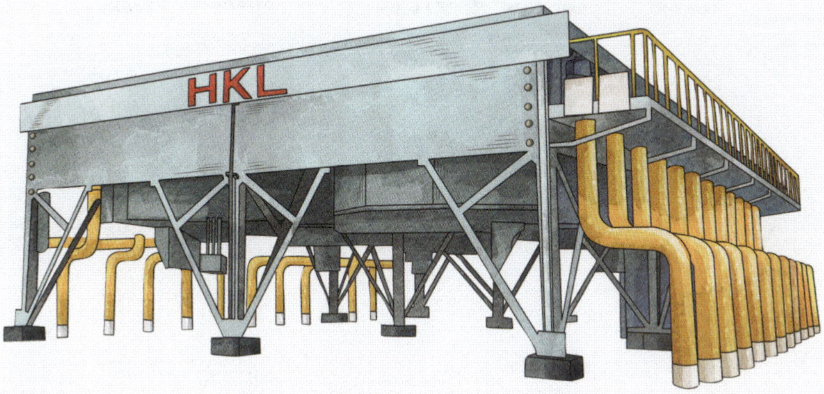

“西气东输”的管道

“西气东输”工程的管道是中国覆盖范围最广的天然气管道，这些管道要穿过戈壁沙漠、黄土高原、太行山脉……目前，管道已经5次穿（跨）越黄河，3次穿越长江，输送的天然气已惠及中国西部、长三角、珠三角、华中及中原地区的400多个城市、3000多家大中型企业和约5亿人口。

“西电东送”工程

“西电东送”工程是世界规模最大、电压等级最高的电力输送网络，将中国西部地区丰富的煤炭、水能资源转化成电力资源，再将电力资源输送到东部地区。“西电东送”工程分为北、中、南三路送电线路：北线由黄河上游到华北地区；中线由长江上游到华中、华东地区；南线由云贵地区到华南地区。“西电东送”工程于2000年开工，目前仍在建设中。

“西电东送”工程是西部大开发的标志性工程之一，在西部大开发三大标志性工程（指青藏铁路、“西电东送”“西气东输”）中，它的投资最大，工程量也最大。西部省区丰富的水、光、风等能源被源源不断地转化成电力资源，通过纵横交错的长长的输电线，输送到东部沿海地区。

向家坝水电站全景图

向家坝水电站

向家坝水电站是“西电东送”中的重点工程之一，位于四川省宜宾市与云南省水富市交界的金沙江下游河段。截至2022年9月，向家坝水电站的装机规模位列中国第五、世界第十一位，累计发电量突破3000亿千瓦时，相当于减少标准煤消耗9045万吨，减排二氧化碳约25000万吨。

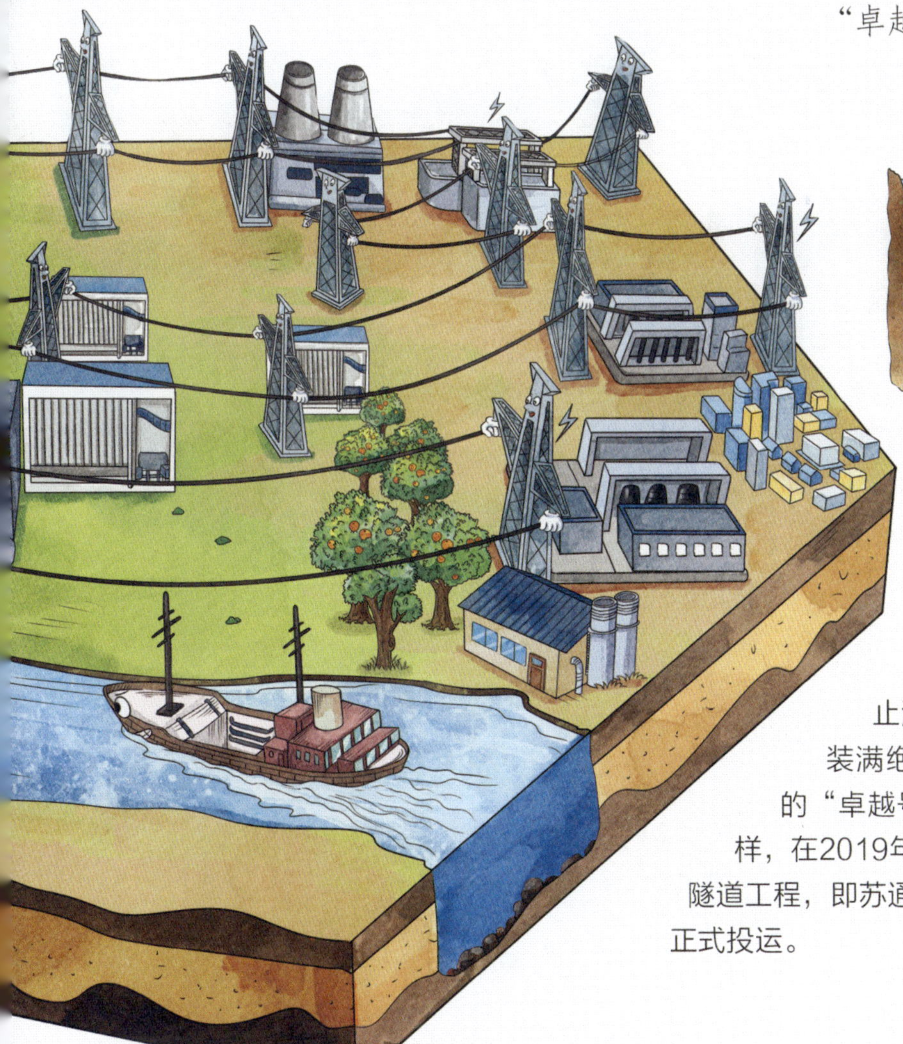

“卓越号”钻进长江江底挖隧道示意图

从江底穿过的电线

在“西电东送”工程建设中，为了保护长江区域的生态环境，同时不影响过江的船只，建设者们让电通过江底的电线“过江”。为了防止漏电，建设者们选择了有着坚硬外壳和装满绝缘气体的超级电线，并采用了能防爆的“卓越号”隧道掘进机来开挖江底隧道。就这样，在2019年9月，世界第一条特高压过江综合管廊隧道工程，即苏通GIL（气体绝缘输电线路）管廊工程，正式投运。

秦山核电站

坐落于浙江省的秦山核电站是中国自主设计、建造、运营的第一座30万千瓦压水堆核电站。从1991年实现并网发电以来，秦山核电站已经安全运行了30多年。此外，秦山核电站扩建项目——方家山核电工程还是目前中国百万千瓦级核电机组自主化、国产化程度最高的核电站之一。

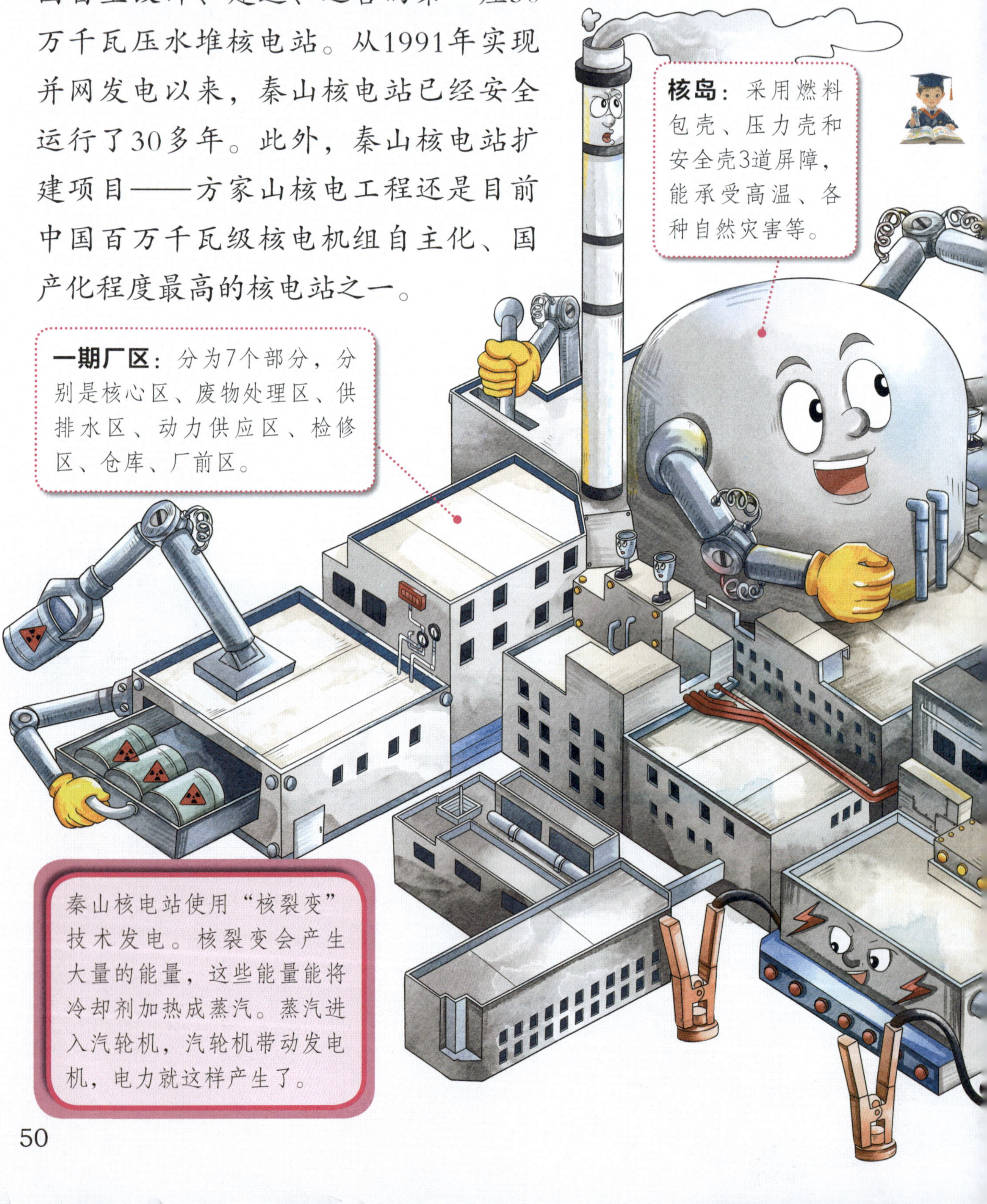

核岛：采用燃料包壳、压力壳和安全壳3道屏障，能承受高温、各种自然灾害等。

一期厂区：分为7个部分，分别是核心区、废物处理区、供排水区、动力供应区、检修区、仓库、厂前区。

秦山核电站使用“核裂变”技术发电。核裂变会产生大量的能量，这些能量能将冷却剂加热成蒸汽。蒸汽进入汽轮机，汽轮机带动发电机，电力就这样产生了。

秦山核电站一期外观图

小厂区，大贡献

秦山核电站经过两年测试运行，于1994年正式运行，最初年发电量为17亿千瓦时。经历多次机组扩容后，秦山核电站的发电能力逐渐增强。截至2023年12月，秦山核电站已经累计发电8000亿度，堪称华东地区的“电力守护神”。

秦山核电站二期俯视图

秦山核电站的扩建

为了扩大发电量、进一步增强秦山发电站的各项能力，中国于1996年启动了秦山核电站二期工程，扩建了两台60万千瓦发电机组。三期工程也于2003年完工，扩建了两台70万千瓦发电机组。秦山核电站的扩建为中国经济发展提供了更强劲的动力。

敦煌熔盐塔式光热电站

在中国敦煌的沙漠中，坐落着一座壮阔的“超级镜子阵”，它其实是一座光热电站，即熔盐塔式光热电站。这一光热电站于2018年底实现并网发电，是亚洲装机容量最大的光热电站，被称为戈壁滩上的“瀚海灯塔”。夏季光照充足时，它24小时连续发电100兆瓦级，这让中国成为世界上少数掌握百兆瓦级光热电站技术的国家之一。

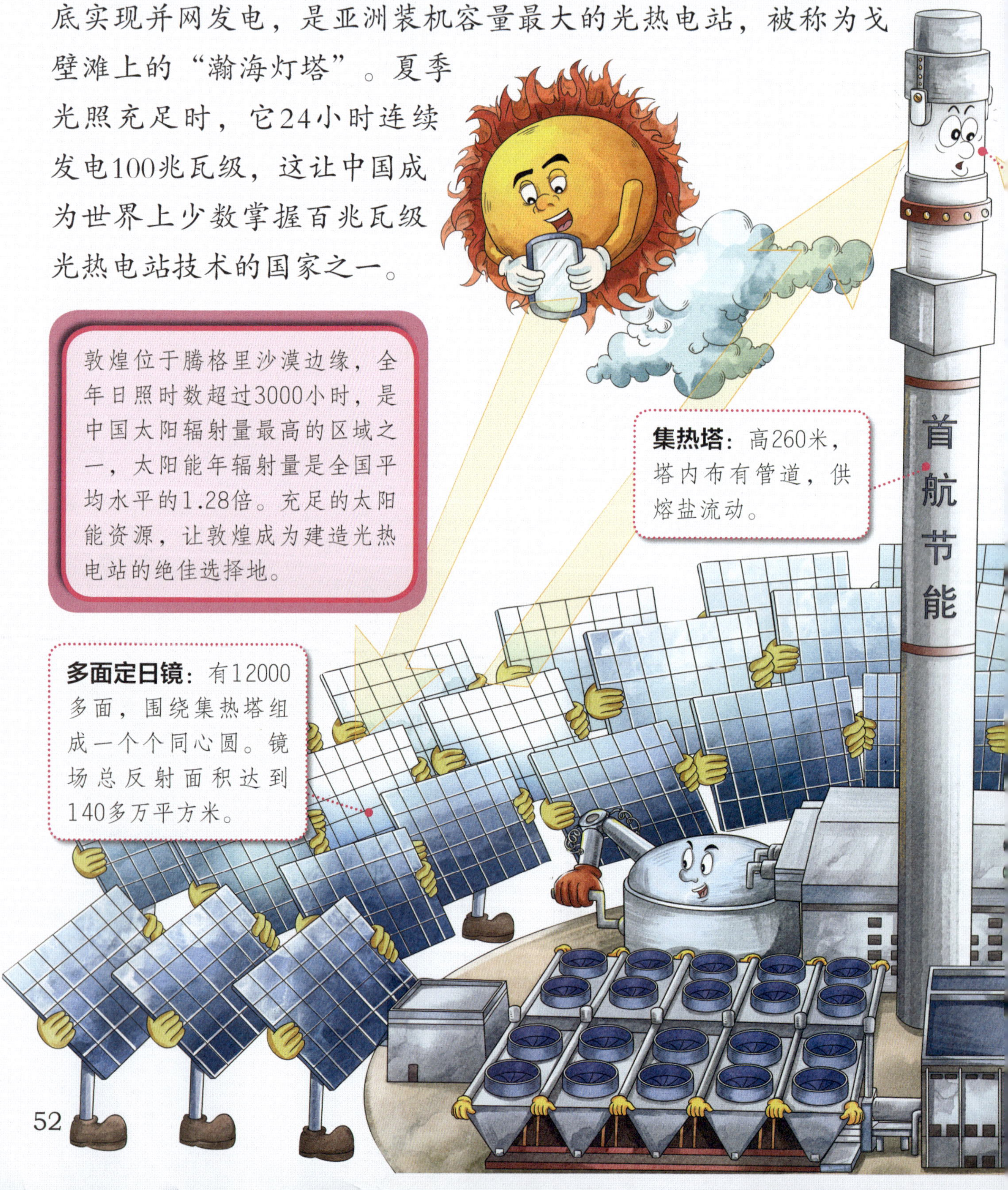

敦煌位于腾格里沙漠边缘，全年日照时数超过3000小时，是中国太阳辐射量最高的区域之一，太阳能年辐射量是全国平均水平的1.28倍。充足的太阳能资源，让敦煌成为建造光热电站的绝佳选择地。

集热塔：高260米，塔内布有管道，供熔盐流动。

多面定日镜：有12000多面，围绕集热塔组成一个个同心圆。镜场总反射面积达到140多万平方米。

熔盐塔式光热电站发电原理图

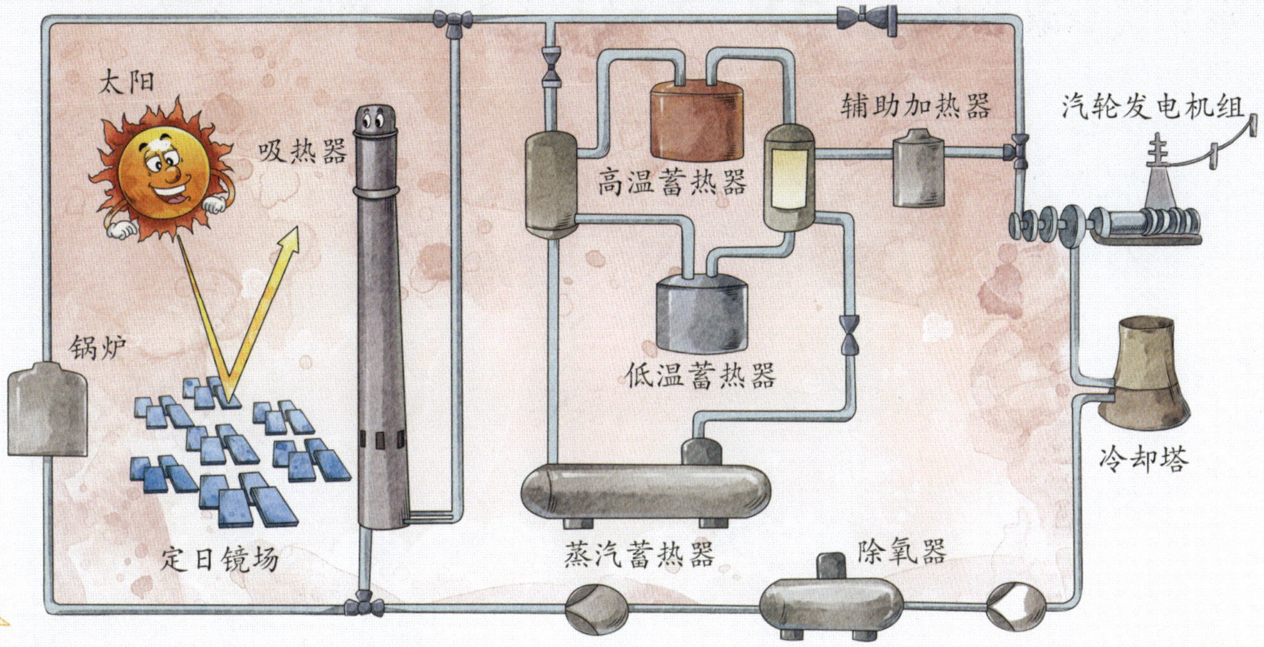

吸热器：处于集热塔顶端，吸收定日镜反射的太阳光，温度可达约1000℃。这样的极高温度会将固态的低温熔盐融化成液态的高温熔盐，储存在高温熔盐罐中。即使是在夜晚或阴天下雨天气，罐中储存的高温熔盐依然可以提取使用，从而让整个电站24小时不间断发电。

熔盐塔式光热电站如何发电?

定日镜将太阳能聚集起来，精准反射到集热塔顶的吸热器上。液态熔岩从低温熔盐罐流入吸热器吸热，再流入高温熔盐罐储存起来。发电时，高温熔盐通过蒸汽发生器与水换热，产生高温高压的水蒸气，最后便推动了汽轮机发电。

每一面定日镜都由35面小镜子组成，采用了先进的双轴跟踪技术，使镜子能够精准地跟踪太阳，最大限度地收集阳光，使反射光射向中间的吸热器汇聚。

定日镜背面示意图

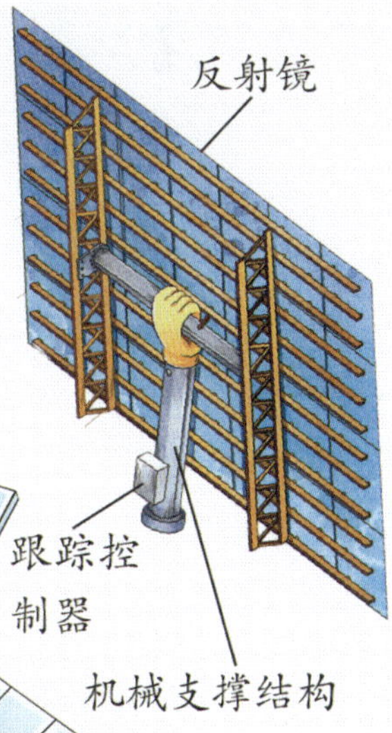

青藏高原上的“电力天路”

通往西藏腹地的青藏铁路被称为“天路”，把电力送到青藏高原千家万户的工程则被称为“电力天路”。“电力天路”并不是特指某一个电力建设工程，而是指在青藏高原上，中国先后建设的一系列电力联网工程，这些工程创造了世界超高压电网工程海拔最高、海拔跨度最大的纪录。“电力天路”需要多个工程分阶段建设完成。自2010年开工建设至今，四条“电力天路”——青藏、川藏、藏中、阿里电力联网工程拔地而起，一座座银色高压线塔矗立在雪山、荒漠、沼泽、戈壁灌丛和大片的无人区等地区，将充沛的电能送到雪域高原的每家每户。

设计之初，“电力天路”工程都会尽量避开三江源自然保护区、可可西里自然保护区等区域。在施工时，建设者们会在施工点铺上草垫、垫上帆布，临走前还会回植草皮、回收垃圾等。

动物援兵——骡马运输队

在建设“电力天路”的过程中，建设者们从云南省请来了“动物援兵”，也就是骡马运输队，让它们来帮忙运输物资，这样可以大幅减少对植被的破坏。

无人机参与巡检“电力天路”

特殊的“巡检员”

为了保障电力能源能可靠稳定地输送，“电力天路”在接受“体检”和“诊疗”时，不仅有巡检员亲自参与，还有无人机大显身手。无人机能轻松访问通常对巡检员来说很难到达，甚至危险的位置，而且还能捕捉高质量的镜头和图像，让电力巡检变得更高效、更安全。

高压线塔：支持高压输电线的建筑物，一些有着弯弯的“羊角”，是岗巴羊的模样；一些有着尖尖的“羊角”，是日土白绒山羊的模样。它们托举着长长的输电线，组成了“电力天路”。

三峡大坝

三峡大坝位于湖北省宜昌市境内，1994年开始建设，2020年整体竣工验收结束，它是目前世界上规模最大的水利枢纽工程。三峡大坝的主要功能包括防洪、发电、航运等。2018年，三峡大坝发电量突破1000亿千瓦时，打破了单座电站年发电量的世界纪录，缓解了中国电力供应紧张的局面。三峡大坝附近地区还发展了旅游业，它自身成为景区的核心景观。

三峡大坝如何防洪？

长江上游和下游被三峡大坝拦腰截断，这样便使上游形成了一个河道型的水库，即三峡水库。三峡水库相当于一个蓄水池，三峡大坝便是一个“水龙头”，时刻控制下游的水流量。每年长江汛期到来前，三峡大坝就会打开中间的泄洪坝段进行泄洪，使得水库水位降到防洪限制水位。如此一来，水库就会空出221.5亿立方米的容量，以便储存上游来的洪水，从而使下游免受洪水的影响。

三峡大坝全长2300多米，高程185米，相当于一座60层的摩天大楼。坝体浇筑了总量超过1600万立方米的混凝土，可承受流量超过每秒12.23万立方米的洪水，并且非常牢固，可扛得住烈度为7度的地震，还能抵御所有常规导弹的袭击。

发电厂房坝段剖面图

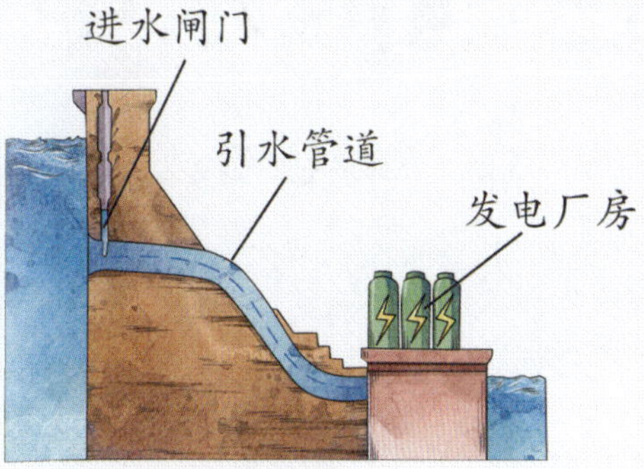

泄洪坝段剖面图

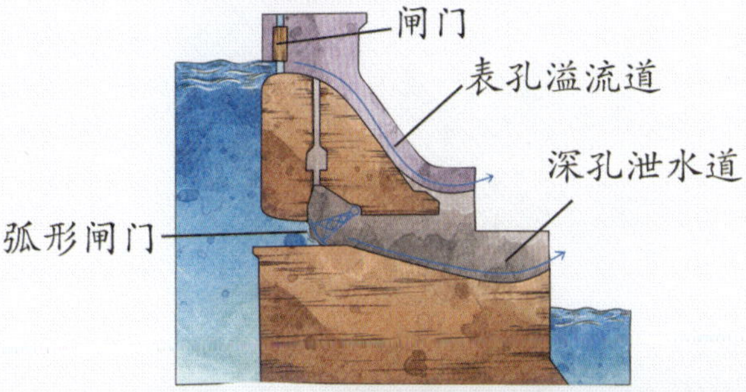

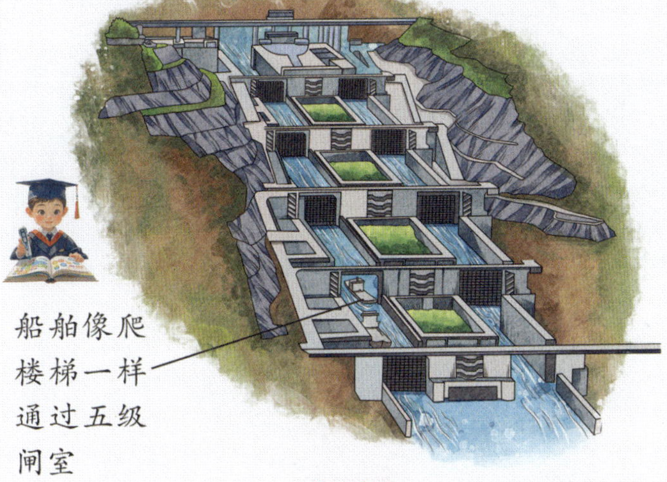

船闸

船舶如果想上行，会先驶入一级船闸内部，随后闸门关闭，向船闸内放水提升水位和船舶高度，船舶得以进入二级船闸。二级船闸的工作流程与一级船闸一致，会在船舶驶入后继续放水抬升水位，让船舶进入三级船闸。经过级级提升，“翻”过五级船闸后，船舶就被提升到水库的水位上，正常驶出前往上游了。

升船机：三峡工程的通航设施之一，工作原理与电梯相似。船舶由下游驶进承船厢，闸门关闭后，承船厢连水带船一起提升，升至与上游水位持平后，船舶再从升船机中驶出。三峡升船机的最大提升高度113米，最大提升重量1.55万吨，过船规模3000吨级。

白鹤滩水电站

在“西电东送”工程建设中，建设者们设计建造了一座仅次于三峡大坝的世界第二大水电站——白鹤滩水电站。它横跨在四川省宁南县和云南省巧家县交界的金沙江上。2021年6月，白鹤滩水电站正式开始发电。它还具有防洪、航运、支持当地经济发展等作用。

白鹤滩水电站的地下洞室群总长度达217千米，规模居世界第一。水电站有8个圆筒式尾水调压室，直径42～49米，规模居世界第一。

大坝长期承受1650万吨世界第二大水推力，创造了世界第一的300米级高拱坝抗震参数。

混凝土拱坝：最大高度289米，相当于100层楼高。拱坝采用低热水泥混凝土浇筑，有效控制混凝土的最高温度，防止混凝土温度裂缝的产生。

白鹤滩水电站的蓄水与放水

白鹤滩水电站蓄水与放水能力非凡，蓄水时，它可形成大约825米高的水库，总库容可装大约206亿立方米的水，这相当于625个西湖的水量。放水时，年平均发电量约624.43亿千瓦时，这能满足大约7500万人一年的生活用电需求，每年可节约标准煤约1968万吨，减排二氧化碳约5200万吨，非常环保。

单机容量最大的水轮发电机组

大坝泄洪深孔过流

百万千瓦水轮发电机组

白鹤滩左右两岸分别安装了8台中国自主研制的、世界单机容量最大功率百万千瓦水轮发电机组。这些发电机组单机容量有100万千瓦，居世界第一，每台机组运转1个小时发出约100万度电，可满足400户家庭1年的用电。

坝身泄洪孔：包括坝身的6个泄洪表孔、7个泄洪深孔以及坝底的6个临时导流底孔，最大泄水量达每秒3万立方米。泄洪表孔和泄洪深孔主要承担泄洪、控制水库水位及调节生态流量的任务。

如东海上风电场

如东海上风电场位于江苏省如东县，是目前中国规模最大、国产化程度最高的海上风电场。风电场共安装760台风电发电组，它们是风力发电的主力。这些“大风车”迎风旋转，把风能转化为电能，让上百万户家庭用到清洁环保的电力。截至2023年，风电总装机规模达560万千瓦。

海上风电场发电原理图

海上风电场是如何发电的?

海上风电场大部分采用的是高压交流输电系统，发电时，首先风力驱动风力发电机的叶片旋转，进而驱动发电机产生电能；然后交流集电线路将各个风力发电机产生的电收集起来，海上升压站再将电压升高，之后海底电缆将电输送到陆上变电站；最后陆上变电站再将电能输送到千家万户。

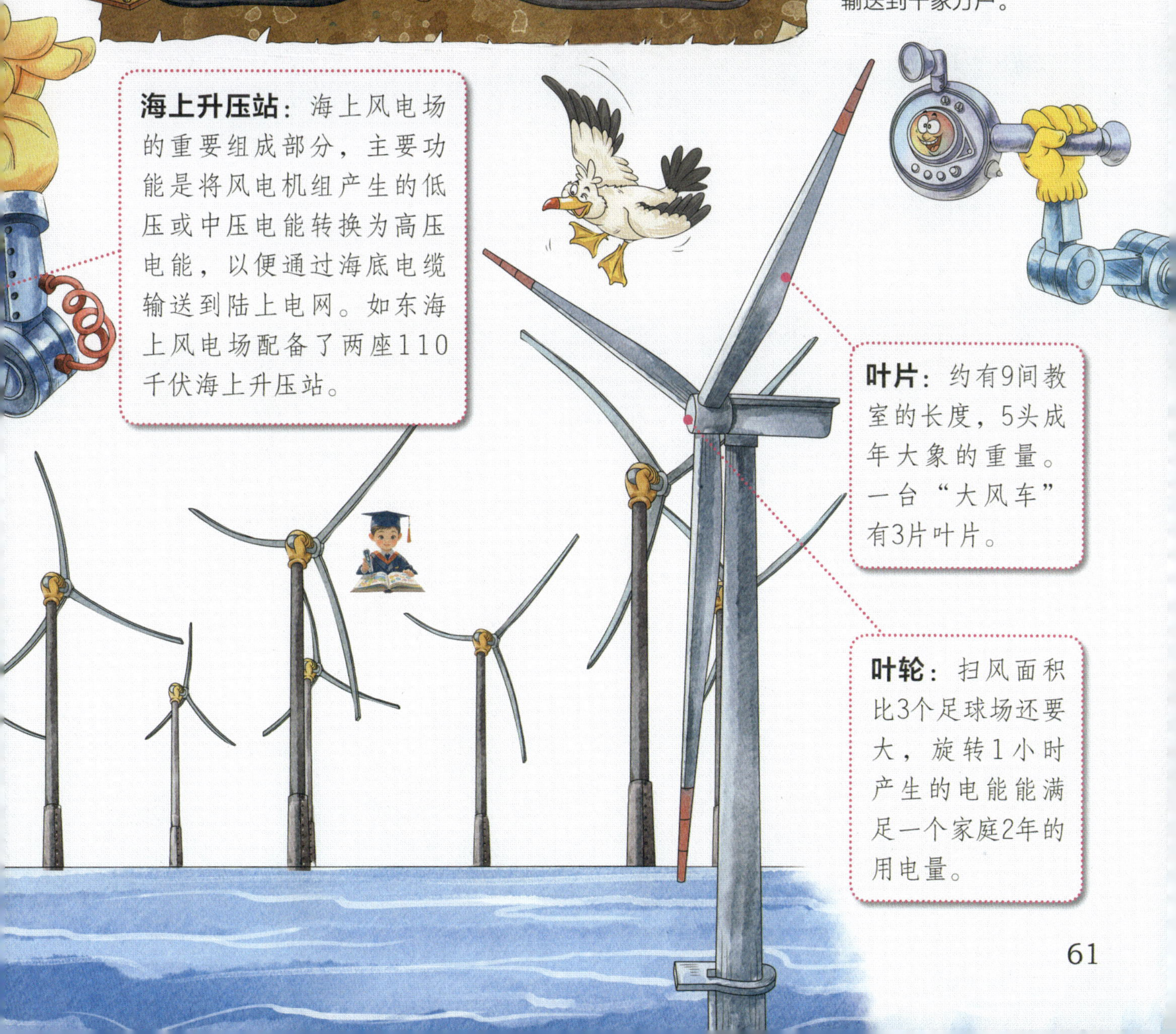

海上升压站：海上风电场的重要组成部分，主要功能是将风电机组产生的低压或中压电能转换为高压电能，以便通过海底电缆输送到陆上电网。如东海上风电场配备了两座110千伏海上升压站。

叶片：约有9间教室的长度，5头成年大象的重量。一台“大风车”有3片叶片。

叶轮：扫风面积比3个足球场还要大，旋转1小时产生的电能能满足一个家庭2年的用电量。

上海洋山深水港

上海洋山深水港位于浙江省舟山市，由小洋山岛域、东海大桥、洋山保税港区组成，总面积超过25平方千米，是世界上最大的海岛型人工深水港。自2002年至2020年，上海洋山深水港分四期建设，其中前三期是传统码头，四期是专门装卸集装箱的码头，是世界规模最大、自动化程度最高的集装箱码头。

上海洋山深水港四期码头岸线长约2350米，总面积约223万平方米，共设有7个集装箱深水泊位、26台岸桥、120台轨道吊和130台自动导引车。

吹沙填海

大洋山岛与小洋山岛由十几座互不相连的小岛组成，建设者们通过“吹沙填海”的方式，将这片海域填平，从而建设港口。“吹沙填海”，即用挖泥船将深海泥沙填埋在平均水深20多米的小岛的周围，再用强夯机压实，从而填出大约10平方千米的陆地面积，相当于1400个足球场的大小。

自动化码头是如何快速运作的?

集装箱货轮停靠码头后，岸桥从集装箱货轮上抓起集装箱。在电脑的控制下，岸桥将集装箱放置到中转平台。在远处的中控塔里，工作人员监控着整个流程，正常流程下，完全不需要人工干预。中转平台再将集装箱稳稳抓起，放置在早早等候的自动导引车上方，集装箱缓缓落下，箱子四角的锁扣与自动导引车连接，整个过程仅耗时2分钟左右。

长兴造船基地

长兴造船基地位于上海市崇明县长兴岛东南端，目前仍在建设中。长兴岛地处长江与东海的交汇处，这里深水岸线宽阔，常年不淤堵、不结冰，是船舶制造的宝地。2005年，长兴造船基地一期工程开始建设，2008年随着“中国第一厂”江南造船厂以及大大小小的造船厂搬到岛上，长兴造船基地成为中国规模最大的造船基地。2021年，长兴造船基地二期工程开始建设。长兴造船基地建成后，将成为世界最大的造船基地。

龙门吊：常用于吊装船体所需的各种部件，是组装船体时必不可少的设备。

船坞

船坞是造船的重要场地。造船时，先在船坞把船造好，再放水进来；船浮起后，打开船闸，让船出去。修船时，则先把船引入船坞，关闭船闸；再把船坞的水排干净，这样工人就可以进去修船了。如果想要造出大型船舶，就必须有又大又深的船坞。比如长兴岛最长的1号船坞，总长约660米，它主要用来生产世界上最大的集装箱船，这种船往往比航空母舰还要大。

船坞场地示意图

一期工程占地面积约560公顷，使用岸线3.8千米，分为3条造船生产线，共建设4座大型船坞。其中，最大的船坞长约580米，宽约120米，面积相当于10个标准足球场。此外，建设者配置7台600吨以上的龙门吊来完成一期工程建设。

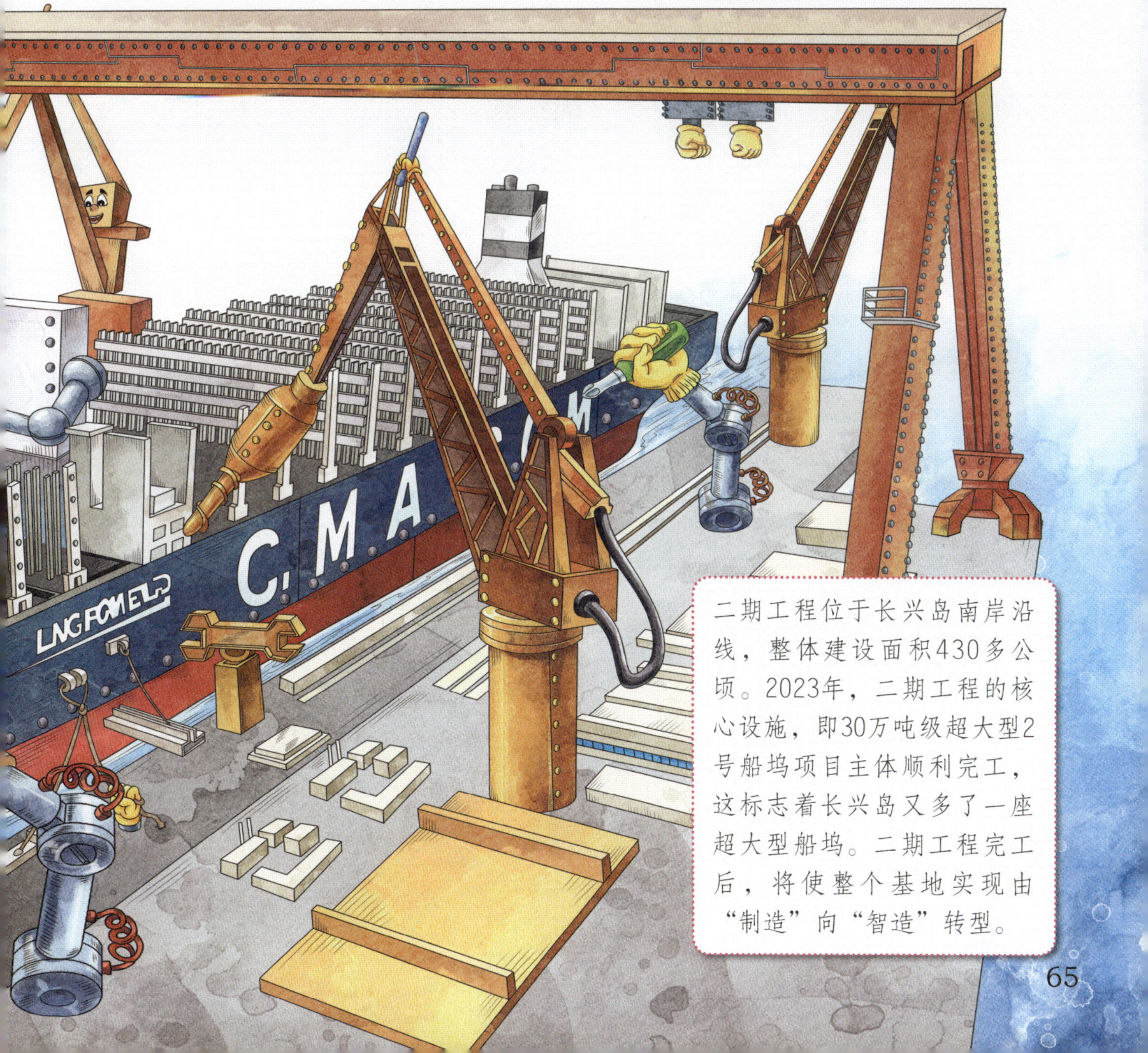

二期工程位于长兴岛南岸沿线，整体建设面积430多公顷。2023年，二期工程的核心设施，即30万吨级超大型2号船坞项目主体顺利完工，这标志着长兴岛又多了一座超大型船坞。二期工程完工后，将使整个基地实现由“制造”向“智造”转型。

烟台海洋牧场“百箱计划”

烟台海洋牧场“百箱计划”于2020年启动，计划在长岛附近海域陆续投放100个左右的网箱。“百箱计划”一旦完成，烟台每年将多收大约10万吨鱼类，烟台海洋牧场将成为亚洲规模最大、装备水平最高、综合效益最好的海洋牧场。目前“百箱计划”中，国内首座深水智能化坐底式网箱“长鲸一号”和亚洲最大的深海智能网箱“经海001号”已投入使用。

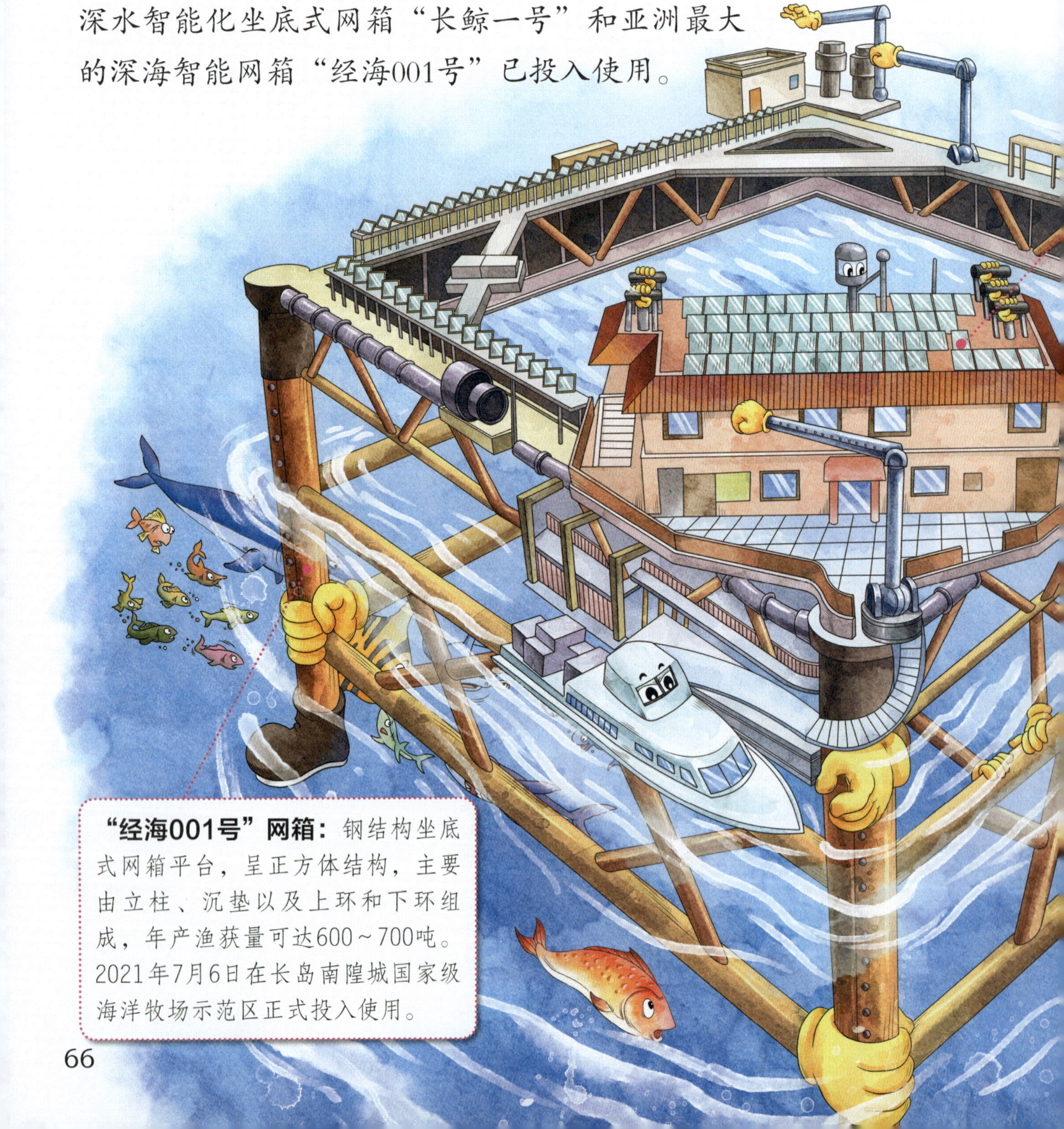

“经海001号”网箱： 钢结构坐底式网箱平台，呈正方体结构，主要由立柱、沉垫以及上环和下环组成，年产渔获量可达600～700吨。2021年7月6日在长岛南隍城国家级海洋牧场示范区正式投入使用。

智能化养殖系统：包括目前最先进的数字化养殖管理系统、智能机器人操作系统以及生物监控与作业系统。这一系统实现了网箱自动喂养鱼虾、通过智能识别找到病鱼以及分派洗网机器人清理网箱等功能。

“长鲸一号”网箱

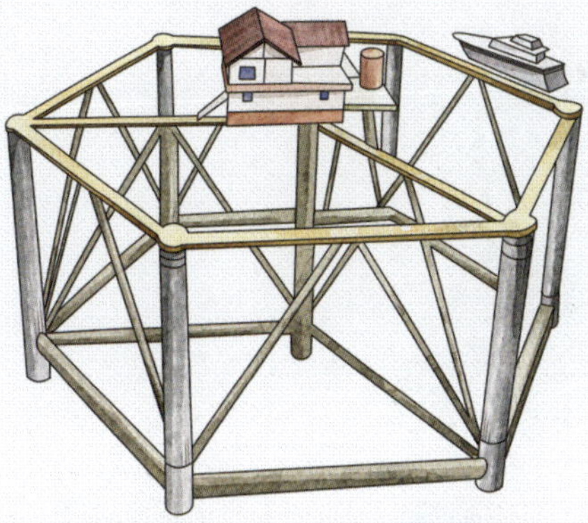

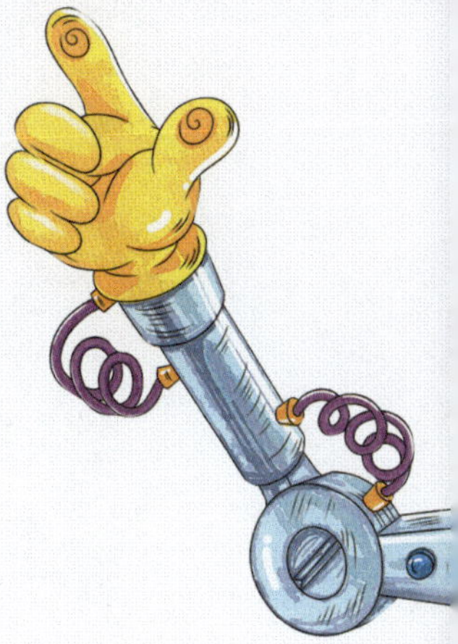

“长鲸一号”网箱

一个巨型网箱被安置在烟台市大钦岛附近的海域，它就是“长鲸一号”。它有两三个篮球场那么大，十几层楼那么高。“长鲸一号”能抗住大风大浪，内部空间很大，可让黄鱼、黑鱼等不同鱼类同时“居住”在里面。“长鲸一号”日常只需要4名员工就能喂养约1000吨鱼类。

“耕海1号”海洋牧场综合体平台

“耕海1号”位于烟台市渔人码头以东海域，集渔业养殖、海上观光、休闲垂钓等功能于一体。它由三个养殖网箱构成，配备了自动投喂、无人船、水下巡检机器人等先进设备，可实现生产全过程智能化控制。

“耕海1号”海洋牧场综合体平台

了不起的
中国建筑

中国的古人建造了一座座美轮美奂的建筑，中国现代建筑既传承了千年的文化底蕴，也在不断地创新与超越。比如中国尊，以其挺拔的身姿，展现了中国传统美学的艺术感与现代建筑的力量感；水立方，用建筑来诠释水的灵动与多变；北京大兴国际机场，以其宏大的规模和先进的科技，展现了中国高超的建筑能力……这些极具中国特色的建筑不仅是中国建筑史上的里程碑，更是世界建筑史上的璀璨明珠。让我们一同走近这些建筑，来感受中国现代建筑的魅力与力量。

国家体育场

国家体育场位于北京市奥林匹克公园中心区南部，是2008年北京奥运会的主体育场，先后举行了2008年夏季奥运会、残奥会开闭幕式以及2022年冬季奥运会、冬季残疾人奥运会开闭幕式等。整个体育场钢结构暴露在外，如同一个巨大的鸟巢，因此这座建筑也被称为“鸟巢”。现在，它已经成为代表中国国家形象的标志性建筑之一。

“鸟巢”占地面积20.4万平方米，竣工时建筑面积25.8万平方米（后经改造、扩建增至26.8万平方米），可容纳观众9.1万人。

主体建筑：由一系列钢桁架围绕碗状座席区编织而成，形成了独特的马鞍椭圆形空间。内部没有任何立柱，完全依靠外部的网状结构支撑。

“鸟巢”的膜

“鸟巢”采用了网架结构，从体育场里面看，结构的外表面有一层半透明的膜，呈现出“中国纸窗”的视觉效果。这种设计不需要为体育场再另加一层像玻璃幕墙那样的表皮。这种半透明材料使得体育场内的光线不是直接射进来的，而是通过漫反射，光线更加柔和。这种材料还解决了场内草坪的维护问题，同时能为座席遮风挡雨。

“鸟巢”的钢材

“鸟巢”的局部受力大部位采用了Q460E-Z35钢材，它是一种低合金高强度钢，厚度可达11厘米。科研人员耗费了半年时间才将其研制成功，并成功运用到“鸟巢”建设中，成为它的“钢筋铁骨”。

“鸟巢”采用先进的节能设计和环保技术，如良好的自然通风和自然采光、可再生地热能源利用、太阳能光伏发电技术、雨水收集系统等，是一座名副其实的大型“绿色建筑”。

国家游泳中心

国家游泳中心又称“水立方”，位于北京市奥林匹克公园内，整体外观像是一个立方体的冰晶，又像一个巨大透明的水泡。这座建筑是2008年北京奥运会的主要场馆之一，也是唯一一座由港澳台同胞、海外华侨华人捐资建设的奥运场馆。之后，“水立方”经过场馆改造，变身为“冰立方”，在2022年北京冬奥会期间成为冰壶和轮椅冰壶的比赛场馆。“水立方”因其独特的设计风格和卓越的建筑质量获得多项荣誉，是北京的又一张新名片。

国家游泳中心于2008年1月竣工，总建筑面积约8万平方米，长和宽大约都为177米，高30多米，从远处看就像一个大大的方形盒子。

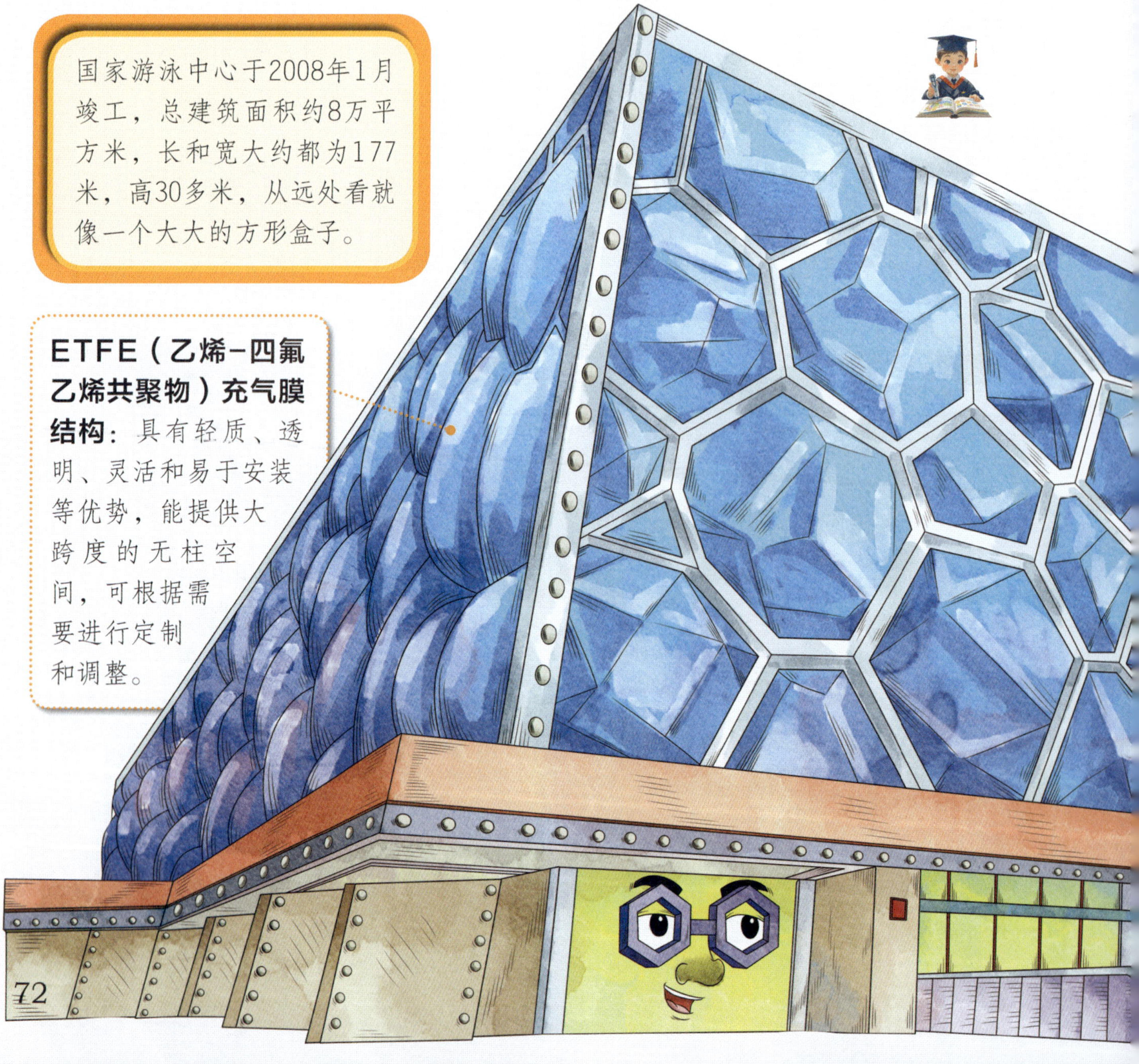

改造后的“水立方”变身为“冰立方”

冰立方

2019年，“水立方”首次完成从游泳池到冰场的转换，华丽变身为“冰立方”，成为世界上第一座完成“水冰转换”的场馆。这次“变身”的方式就是在比赛大厅中部，搭建可转换结构并安装可拆装制冰系统，形成具有4条标准赛道的冰壶场地，从而让场馆同时具备开展水上运动与冰上运动的能力。

ETFE（乙烯-四氟乙烯共聚物）气枕：共3000多块，其中最小面积不足1平方米，最大面积70平方米，具有良好的透光性和保温作用。

水立方内部设计

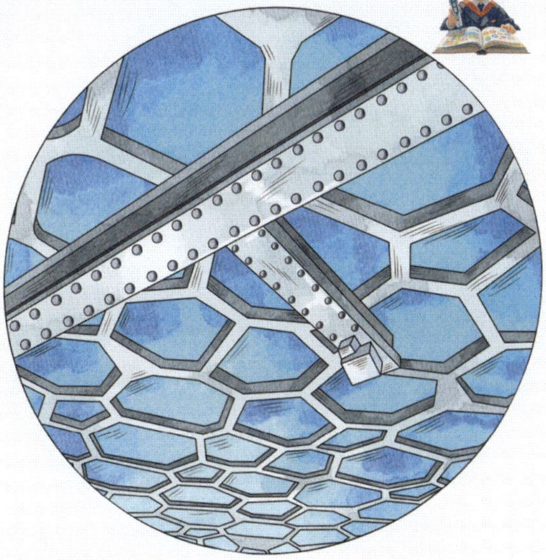

空间钢结构

水立方的钢结构由上万个位置不同的钢质构件组成。这种结构可实现大跨度的无柱空间，让“水立方”不需要用一根柱子就可以“站立”，使内部空间更加灵活和开放。

国家速滑馆

国家速滑馆又称“冰丝带”，位于北京市奥林匹克森林公园西侧，是2022年北京冬奥会期间北京主赛区的标志性场馆，也是唯一新建的冰上竞赛场馆。冬奥会期间，速度滑冰比赛在这里举行，14块金牌在这里诞生。2022年7月，“冰丝带”正式对外开放，成为备受人们喜爱的冰上运动场馆。

国家速滑馆主场馆建筑面积约8万平方米，能容纳约1.2万名观众。国家速滑馆外形由22条冰面造型曲面玻璃幕墙环绕，建筑结构体系主要由屋顶索网、环桁架、斜拉索和混凝土结构组成。

屋面环桁架：国家速滑馆的“骨骼”，整个环桁架工程的主弦杆共328根，腹杆共2220根，总用钢量约8500吨。

馆内设计

国家速滑馆采用全冰面设计，这在世界范围内尚属首次。场馆内的冰面面积约1.2万平方米，是目前亚洲最大的冰面。国家速滑馆采用二氧化碳跨临界直冷制冰系统，这项技术的碳排放量趋近于零，相较于传统方式效能可提升20%，还能将冰面温差控制在0.5℃以内。

国家速滑馆内部示意图

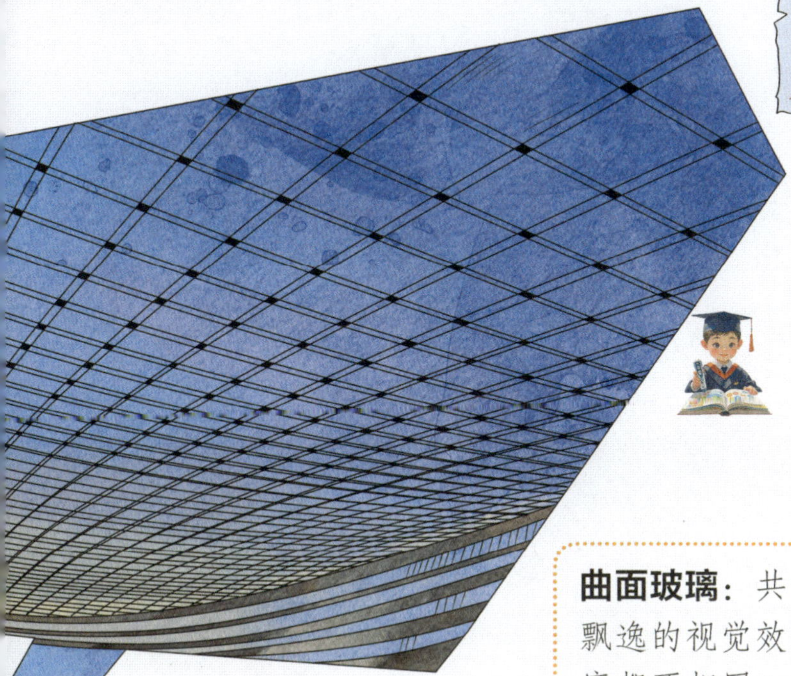

“天幕”

国家速滑馆采用的是双曲面马鞍形单层索网结构屋面设计，也就是俗称的“天幕”。这种设计可以极大幅度地节约材料，让用钢量缩减至传统屋面的四分之一。“天幕”长跨198米、短跨124米，由49对承重钢索和30对稳定钢索编织而成。

曲面玻璃： 共计3360块。为了呈现出丝带般轻盈、飘逸的视觉效果，每一块曲面玻璃的尺寸和曲面弧度都不相同。在机械和工人的配合操作下，这些玻璃被精准嵌进160根“S”形钢龙骨打造的框架里，整个曲面幕墙看起来浑然一体。

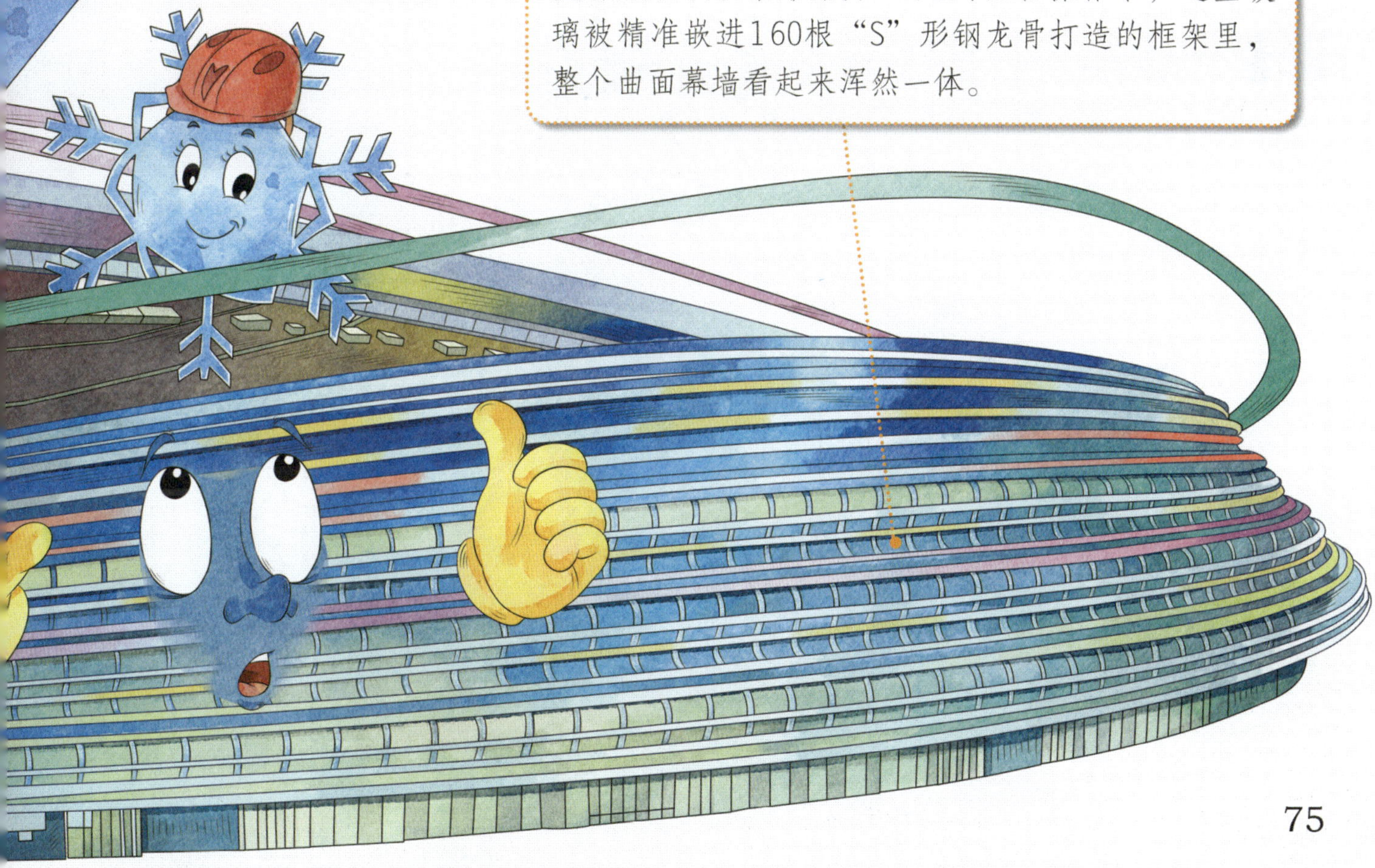

中央电视台总部大楼（主楼）

中央电视台总部大楼（主楼）地处北京市商务中心区，毗邻北京国贸大厦。它整体就像一扇庞大的“扭曲之门”，又像是两个巨大的“Z”合拢而成，外表被大小不一的菱形网格包裹着。这座造型独特的建筑由荷兰建筑师雷姆·库哈斯设计而成。2004年动工，2012年竣工交付使用。

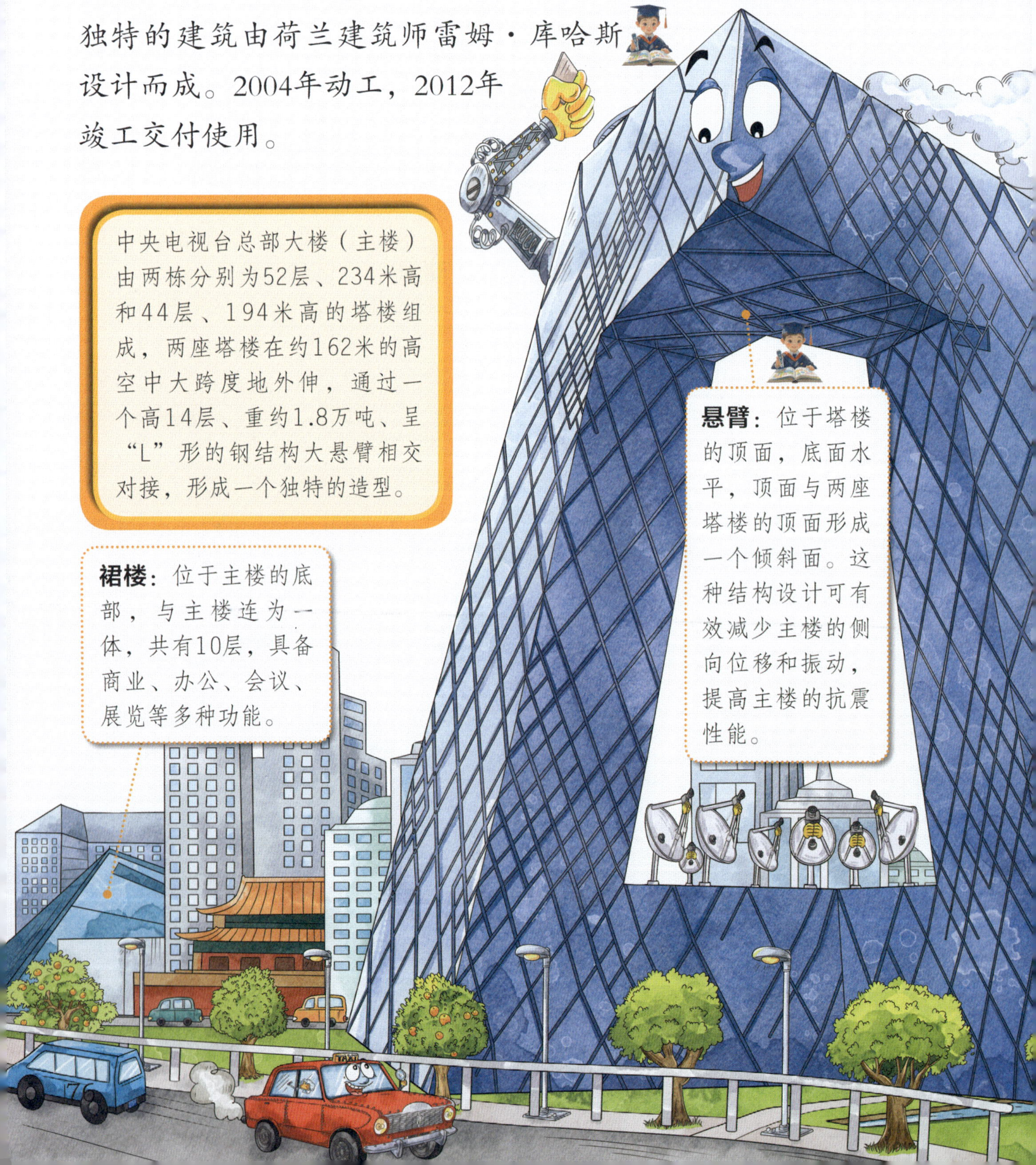

中央电视台总部大楼（主楼）由两栋分别为52层、234米高和44层、194米高的塔楼组成，两座塔楼在约162米的高空中大跨度地外伸，通过一个高14层、重约1.8万吨、呈“L”形的钢结构大悬臂相交对接，形成一个独特的造型。

悬臂：位于塔楼的顶面，底面水平，顶面与两座塔楼的顶面形成一个倾斜面。这种结构设计可有效减少主楼的侧向位移和振动，提高主楼的抗震性能。

裙楼：位于主楼的底部，与主楼连为一体，共有10层，具备商业、办公、会议、展览等多种功能。

中央电视台总部大楼（主楼）局部图

为什么菱形块大小不一？

中央电视台总部大楼（主楼）上的菱形块之所以大小不一，不只是为了建筑的美观，也是为了调节整座建筑各部分的受力。受力大的部位，建设者会用较多的网纹构成很多小块菱形以分解受力；受力小的部位，则用较少的网纹构成大块的菱形，从而保障了建筑物的稳定性和强度。主楼由许多不规则的菱形渔网状金属脚手架构成，具有很高的强度和稳定性，也能满足建筑美学上的要求。主楼还采用了先进的抗震手段，如在建筑物和地基之间安装隔震支座等，提高了建筑的抗震性能。

中央电视台总部大楼（主楼）全景图

高标号钢材

高标号钢材的应用

主楼采用了大量的高标号钢材，这些钢材比普通的建筑钢材强度更高，综合力学性能更好；焊接性以及冷、热加工性能、耐蚀性能也更好，还具有良好的低温韧性。在受力结构复杂的部分，如主楼与裙楼的转换处、主楼悬臂的腋部等，设计者采用更高性能的合金钢。与钢材本身的性能同等重要的是钢材之间的焊接。针对主楼所使用的高强度、大厚度钢板，建设者在焊接过程中使用了坡口控制、温度控制等一系列措施。

国家大剧院

国家大剧院位于北京市西长安街沿线，天安门广场西侧。国家大剧院是由法国建筑师保罗·安德鲁主持设计的，整体外观呈半椭球形，像半个“壳体”。它被清澈的人工湖环绕着，从远处看，倒影与“壳体”构成了一个完整的、曲线优美而流畅的椭圆形。国家大剧院是一座集建筑美学、表演艺术和文化教育于一体的综合性艺术殿堂，是中国乃至世界的重要文化地标，于2001年12月开工建设，2007年12月正式运营。

国家大剧院高约46米，地下最深32米多，地下部分深度相当于10层楼的高度，面积占整个建筑的60%。

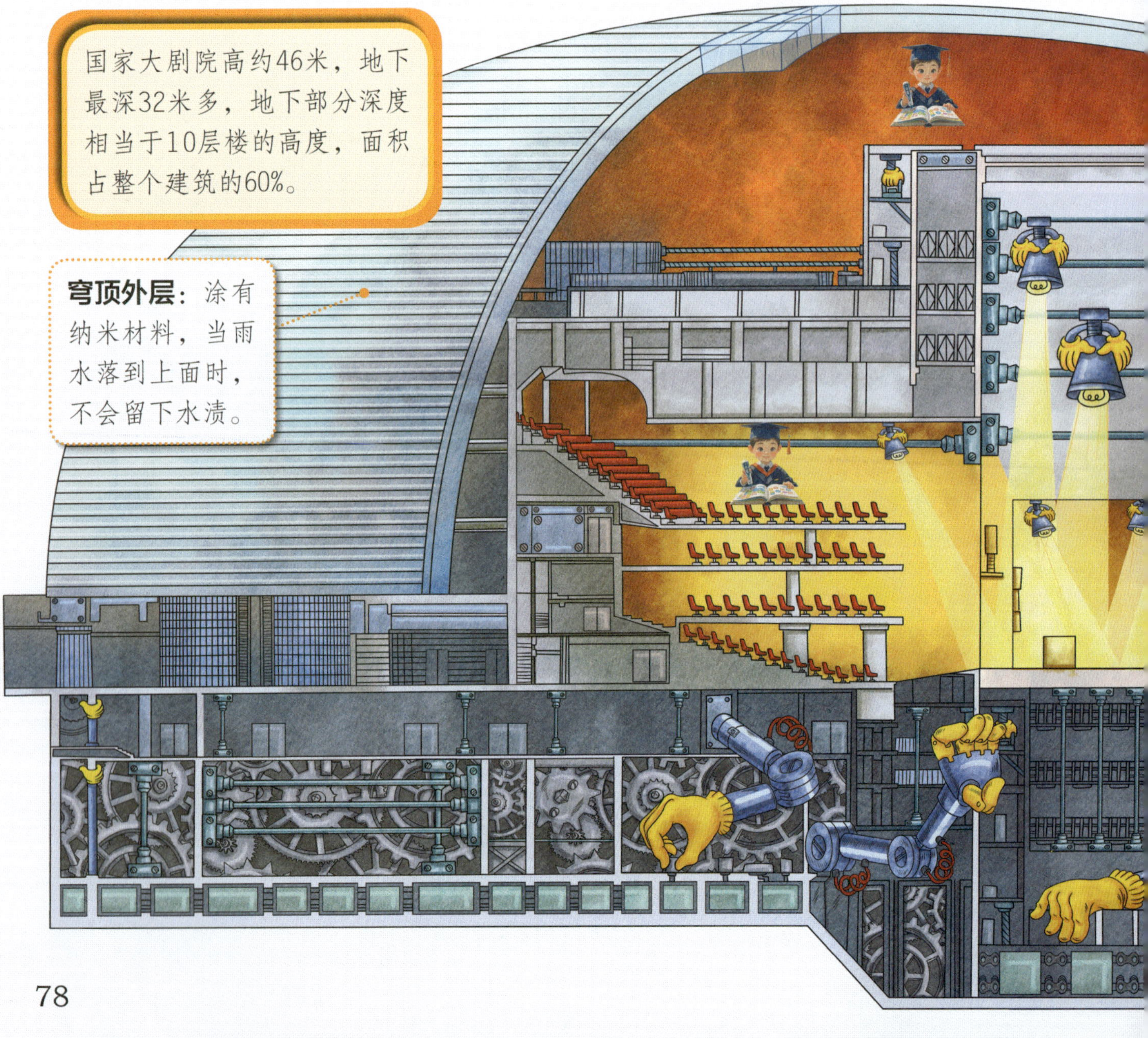

穹顶外层：涂有纳米材料，当雨水落到上面时，不会留下水渍。

景观水池

围绕着国家大剧院的是一潭碧水，与整座建筑相得益彰。这一景观水池面积约3.55万平方米，分为22格，每一格相对独立，但外观上看起来是一个整体。水池采用中央液态冷热源环境系统控制，能保证景观水池冬暖夏凉。在冬季和夏季，池水会先后经循环水泵、全自动过滤器，再进入冷热源机房的板式换热器，进行热交换，调节温度，从而使池水冬季不结冰，夏季不长藻。

国家大剧院外观图

钛金属

国家大剧院外表面约有3.6万平方米，其中钛金属板的面积就占了约3万平方米。为什么大剧院要大量使用钛金属呢？这是因为钛金属的密度相对较小，可降低建筑的整体重量，而且它强度大且耐腐蚀，是一种可再生资源，有利于环保。此外，钛金属的外观柔和中又带有高科技的金属质感，给人带来视觉上的美感。

壳体结构：由一根根弧形钢梁组成“骨架”，这些钢梁重达6750吨。此外，由1.8万多块钛金属板和1200多块超白透明玻璃拼接组成约3.6万平方米的巨大穹顶，在阳光下熠熠生辉。

北京大兴国际机场

2019年9月，北京大兴国际机场正式通航。它位于北京市大兴区与河北省廊坊市广阳区之间，是一座未来旅客吞吐量可达1亿人次的超大型国际枢纽机场，世界上规模最大的机场之一。机场航站楼是世界最大的减震建筑，也是世界首座实现高铁下穿的航站楼，集现代化、智能化、绿色化于一体。

北京大兴国际机场的航站楼面积为78万平方米，呈独特的六角星形状，是世界最大的单体航站楼。航站楼的主楼屋顶是一个整体结构，设计高度50米，采用自然采光和自然通风的设计，同时实施照明、空调分时控制措施，还采用地热能源、绿色建材等绿色节能技术和现代信息技术。

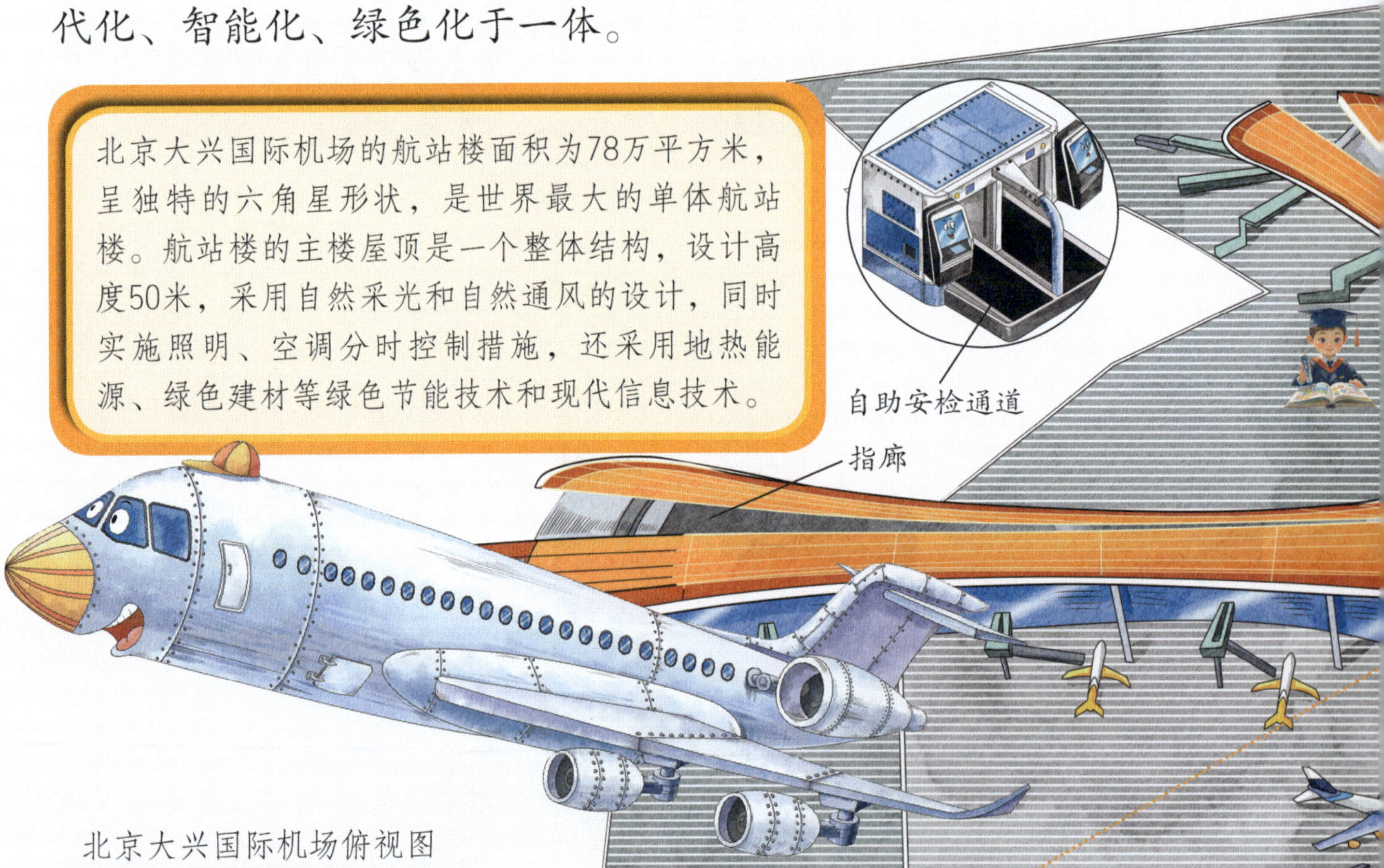

双进双出的航站楼： 最大化利用垂直空间，实现双层到港和双层出发，提高了中转等各项流程的连续性，为旅客提供了更加便捷、高效的出行体验。

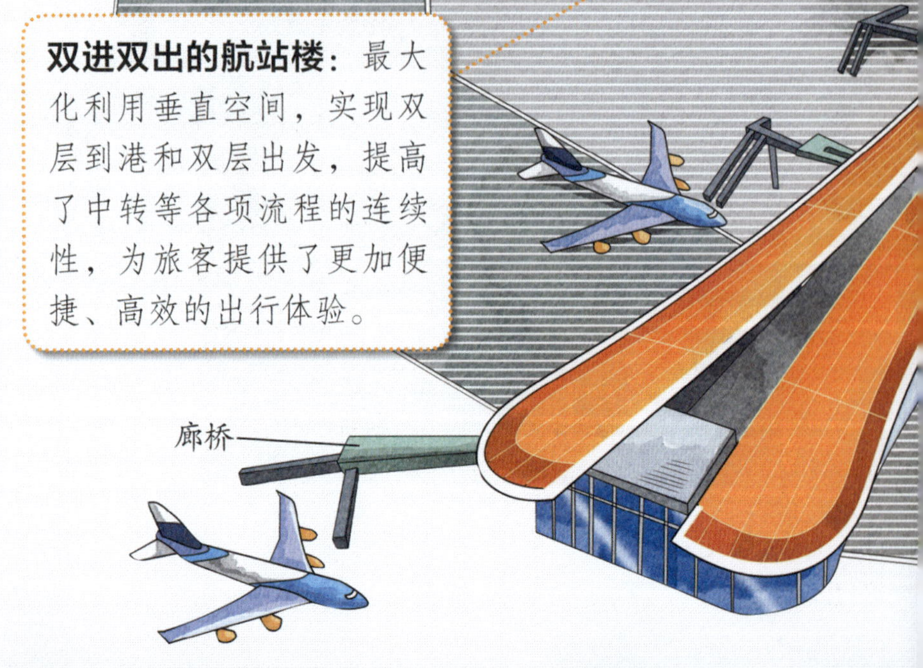

北京大兴国际机场俯视图

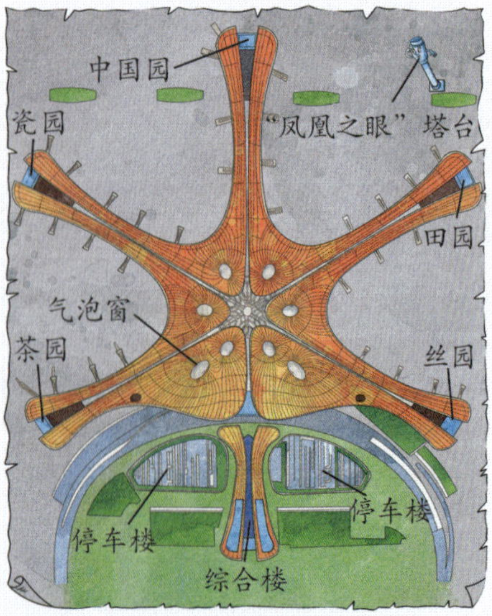

北京大兴国际机场航站楼中厅结构图

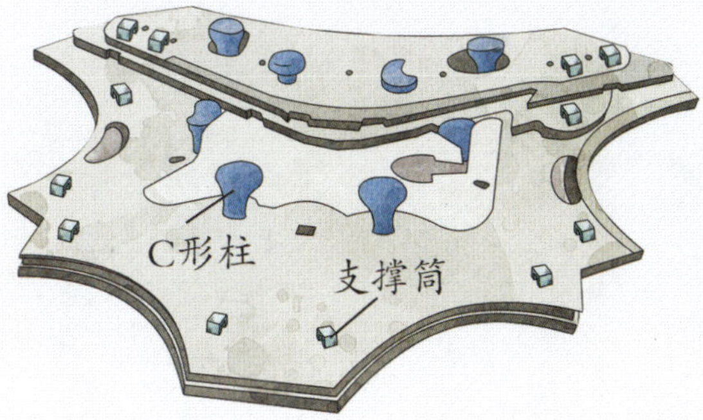

“刷脸”走遍机场

旅客只需进行一次性人脸注册，就可实现全程只需“刷脸”，即可完成办理乘机手续、托运、过安检、登机等。

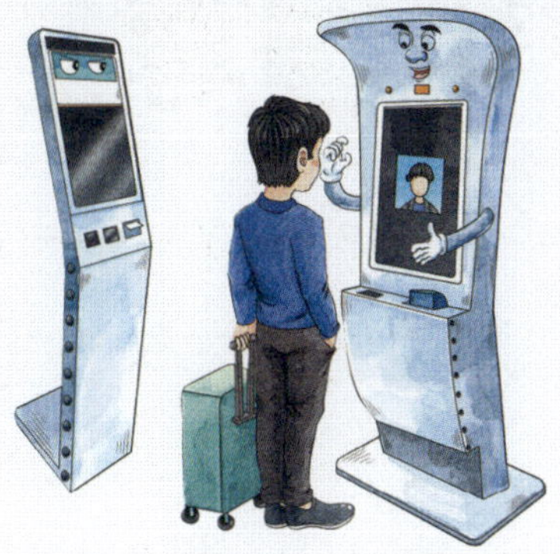

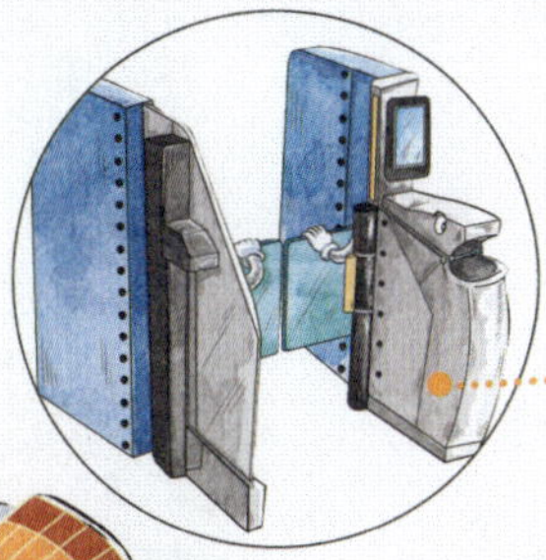

自助行李托运设备： 为旅客提供电子行李牌识别、多件行李自助托运、逾重行李收费等多种服务。

穹顶： 由6.3万多根钢结构焊接而成，呈不规则曲面。穹顶四周的幕墙结构仅靠8组C形柱、12组支撑筒支撑起来，形成几乎无柱的巨大中厅。

天窗： 由1扇巨大的六角形天窗和6扇条形天窗构成，一共使用了1.28万块不同形状的铝网玻璃。

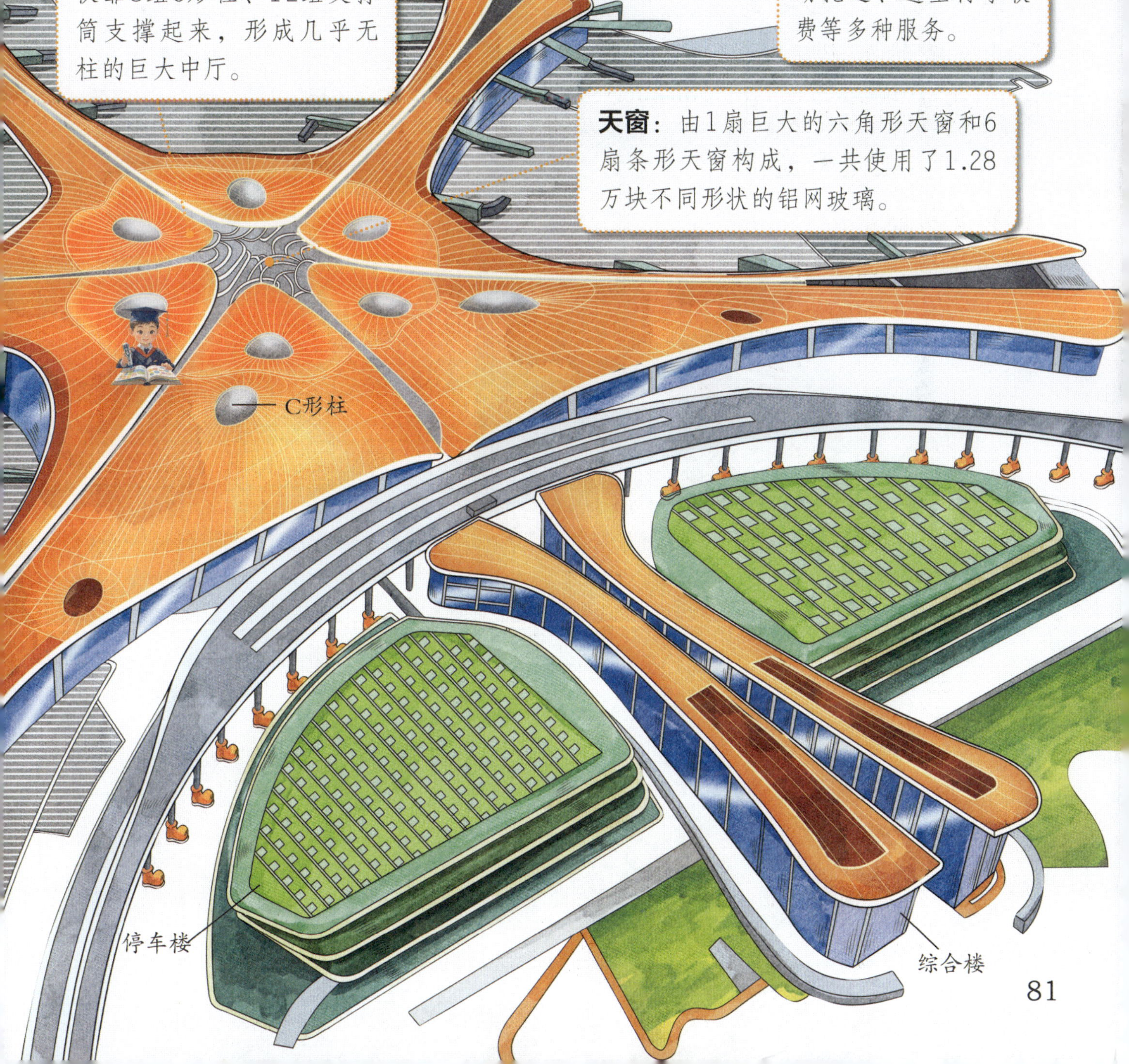

中国尊

中国尊是一幢超高层建筑，又称中信大厦，位于北京市朝阳区中央商务区核心区Z15地块，于2018年竣工。中国尊是北京第一高楼，也是世界上8度抗震设防烈度区的最高建筑，具有办公、观光和商业等多重功能。

中国尊总用地面积约1.15万平方米，总建筑面积约43.7万平方米，总高约528米，地上108层，地下8层（含夹层），可容纳1.2万人同时办公。

中国尊内部共布设了139部电梯，包括100部直梯和39部扶梯。直梯中有3部是观光电梯。观光电梯可从1层直达108层，运行速度达每秒10米，从1层到顶层仅需1分钟。

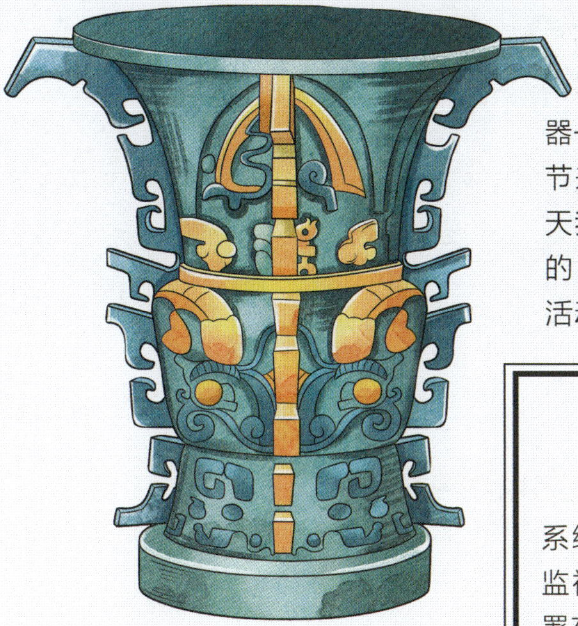

尊

中国尊的外形设计灵感来源于中国古代祭祀时所用的礼器——尊，即酒杯。在古代祭祀活动中，古人通过尊配以礼节来表达敬重之意，也就是双手拿酒杯表示敬奉的意思，今天我们所说的“尊重”一词中的“尊”便是从这里衍生出来的。古人常会在尊的表面刻上铭文，以记录历史事件、祭祀活动等信息，还可以此表达使用者或制作者的远大志向。

智能化的摩天大楼

中国尊大楼内部配备了许多智能化的系统。智能传感系统可以感知人员定位、感知访客并进行管理，能感知并监视大楼结构变形等情况。云计算技术可以把数据统一部署在云平台上，实现软件与硬件资源共享和协同等。

“天津之眼”摩天轮

“天津之眼”又称天津永乐桥摩天轮，位于天津市永乐桥上，横跨海河两岸，将河北区与红桥区连接起来。天津之眼“桥轮合一”的特性让它兼具观光和交通功用，成为天津的地标性建筑。2009年4月中旬，“天津之眼”正式对外开放。

“天津之眼”的顶点高度约为120米，直径为110米，旋转一周所需时间为28分钟。摩天轮的外部装挂了48个观景座舱，每个座舱可乘坐8个人，满载情况下可同时供384人乘坐赏景。

奇妙的安装方式

为了不影响海河通航，“天津之眼”在安装过程中采用了“牵引旋转立式逐段拼装”的方式。简单来说，就是用卷扬机对轮体进行牵引，像打开一把扇子一样将它慢慢展开，逐段拼装。由于“天津之眼”是柔性摩天轮，工程师们每展开60°就给它加装一个临时支撑，轮体完全合拢后再拆掉这些支撑。

轮箍：采用三角形断面钢管桁架式结构，上面遍布钢管和钢索，看起来仿佛自行车的车轮，让“天津之眼”顺畅转动。

牵引旋转立式逐段拼装示意图

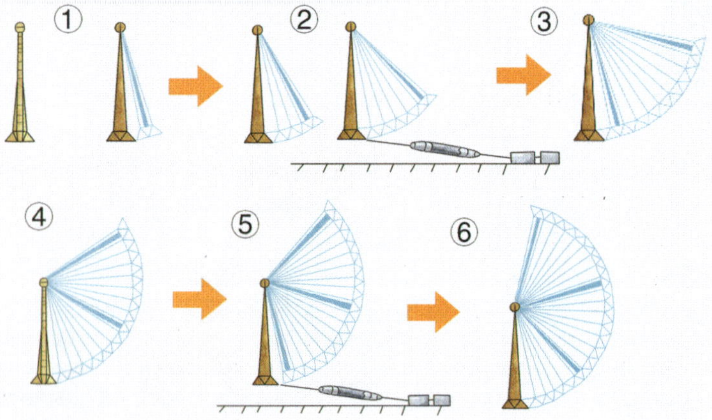

塔架：“天津之眼”的支撑结构。塔架、塔腿与塔柱成120°夹角，塔腿与水平面成30°夹角，整体看起来形似“人”字。4个塔脚之间设置了平行钢索来保持摩天轮的整体平衡，这些平衡索“藏”在永乐桥外侧悬挑的水平梁里。

座舱

2023年4月“天津之眼”完成升级改造。更新后的座舱更加智能化，内部设有天屏和地屏，这些屏幕可以用来播放各种视频，优化游客的观景体验。

“天津之眼”座舱内部

主轴： 同样采用钢管设计，安装在高65米的空中。主轴与人字塔架采用法兰连接形式，用高强螺栓保证连接的紧固性。

上海中心大厦

上海中心大厦位于上海市陆家嘴金融贸易区，是中国第一、世界第三高楼。这座摩天大楼始建于2008年，于2014年竣工。上海中心大厦呈螺旋式上升，大厦表面的开口由底部旋转直到顶部。每一层都扭曲近1°，面对大风，可起到缓冲作用。大厦具有办公、酒店、商业、观光等多重功能。

雨水收集装置：位于大厦顶部，收集的雨水可用于浇灌花木、打扫卫生等。一年节省的水大约可以装满250个标准游泳池。

风力发电机：处于屋顶外的幕墙，共270台，呈圆筒状，每年可提供约119万度电力。

上海中心大厦主楼为地上127层，建筑总高度632米。大厦的建设运用了19种绿色技术，是世界上最高的绿色建筑。

玻璃幕墙：里外双层结构，可使夏天的冷气和冬天的暖气不轻易散到外面，从而减少能源的消耗。

主楼结构示意图

上海中心大厦主楼为钢筋混凝土与钢结构组合而成的混合结构。竖向结构包括核心筒和巨型柱；水平结构包括楼层钢梁、楼面桁架、环带桁架、伸臂桁架等。

空中造楼机：又称智能顶升平台，中国自主研发的智能大型组合式机械设备平台。平台内有塔式起重机、施工电梯、模板、混凝土布料机等设施，上百位工人可以在平台上同时施工。

玻璃幕墙示意图

台北101大厦

台北101大厦又称台北101大楼，位于台湾省台北市信义区金融贸易区中心，是台北市的地标性建筑。这座大楼采用了结构单元式设计，能取得防灾防风的效果。1998年1月，台北101大厦动工建设；2003年10月，大厦主体完工。台北101大厦高509.2米，2004年被认定为世界最高建筑物（后被迪拜塔取代）。

台北101大厦的地上楼层有101层，地下有5层。其中每8层楼为1个结构单元，各单元间彼此接续、层层相叠，形如节节升高的翠竹。

巨柱：位于大楼的四面，每面两座，共8座。每座巨柱截面长3米、宽2.4米，自地下5楼贯通至地上90楼。柱内灌入高密度混凝土，外面以钢板包覆。台湾省位于地震带上，为避免遭受强震带来的严重破坏，台北101大厦采用了这种新式的“巨型结构”。

巨型风阻尼器

台北地基松软，地震和台风频发，所以并不适宜建造摩天大楼。为增强楼体的稳定性，台北101大厦在第87层至92层这6层楼间，安放了一个重达660吨的巨型风阻尼器。这个“大家伙”可以吸收7级以下地震和17级以上台风引发的剧烈震荡，让大厦“稳如泰山”。

阻尼器示意图

台北101大厦的地基工程共进行了15个月，基桩由382根钢筋混凝土构成。建造该大厦所使用的钢至少有5种，分别根据不同部位设计。建造时所用的混凝土也是特别调制的，比一般混凝土的强度高出约60%。

快速电梯

台北101大厦快速电梯有两部，专为观景台使用。电梯的上行最高速度可达每秒16米，相当于时速60千米。仅需37秒，游客就能乘坐该电梯从5楼抵达89楼的室内观景台。

广州塔

广州塔又称广州新电视塔，整个塔身采用镂空钢结构框架设计，外部钢结构体系由24根立柱、斜撑和环梁交叉构成，各立柱间隔适当，呈环形排列。24根立柱自下而上呈逆时针扭转，每一个构件截面都各不相同。广州塔外形扭转形成“纤纤细腰”，因此又被称为“小蛮腰”，于2010年9月正式对外开放。

塔身顶部有世界上最高的摩天轮，沿着倾斜的轨道运转。

广州塔主体高454米，天线桅杆高146米，总高度达600米。它是中国第一高塔，世界第二高电视塔。

中空的结构

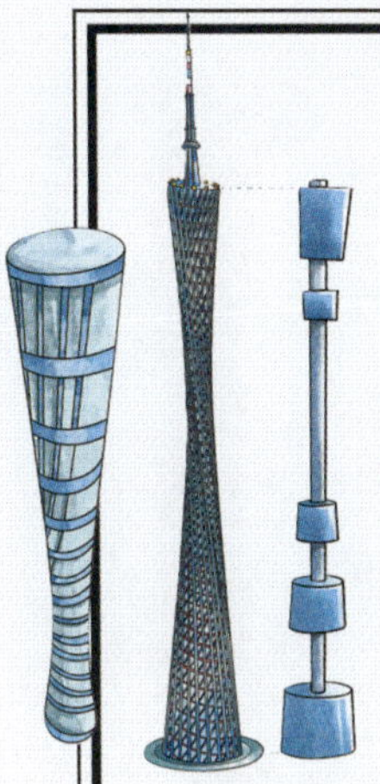

如果广州塔外部的钢结构被去掉，它的细长柱体上，会有5个像串起来的圆房子。它们互相分离，形成了多个“空中楼阁”，依托在塔的内外结构上，大小、形状各不相同。

广州塔为什么可以很纤细？

广州塔外形纤细，还能稳稳地屹立不倒，主要是因为它拥有一个更加纤细且结实的椭圆柱的核心筒。这个核心筒内径长约18米，宽约15米，但高达450多米。为了提高核心筒的坚固程度，在受力大的地方，建设者们在混凝土中置入了钢板。在广州塔最细的腰部，核心筒与外部钢结构之间只有1～15米的距离。

扎根岩石层

广州塔核心筒的地基深度达40米，直接穿透松软的土层，牢牢地插在岩石层中。此外，为了让整座塔的地基牢固，建设者们在竖井浇筑完成后，又围绕着椭圆形的底浇筑了一层混凝土梁，从而使立柱和竖井更牢固，这样一来，核心筒与24根立柱都有了自己的基桩。

核心筒地基示意图

令人惊叹的中国道路

在广袤的中国大地上，道路如同血脉一般，连接着每一座城市、每一个乡村，承载着中华民族的历史、文化和未来。经过多年发展，中国道路建设取得了许多令世界瞩目的成就，中国已成为道路建设的佼佼者。比如，穿越千山万水的西汉高速公路，连接了中国的西部与中部，促进了区域经济的融合与发展；“雪山一号”隧道，展现了人类与自然和谐共生的可能；雅西高速公路以其独特的地理环境和工程难度，向世界展示了中国高速公路建设的先进技术和无畏精神……这些不胜枚举的道路工程不仅是中国交通史上的一座座里程碑，更是中国智慧和中国力量的集中体现。

塔里木零碳沙漠公路

塔里木零碳沙漠公路位于新疆维吾尔自治区的塔克拉玛干沙漠腹地，是中国首条贯穿塔克拉玛干沙漠的等级公路。塔里木沙漠公路第一条公路（轮台至民丰段）于1995年贯通，2014年编入216国道。2022年，塔里木沙漠公路零碳示范工程正式启动，塔里木油田对公路沿线的水井房进行改造，公路两侧的防护林带也提供了持续固碳能力，“零碳沙漠公路”从设想变成了现实。

塔里木零碳沙漠公路全长522千米（后扩建至566千米），北起轮南油田，南至民丰县，是世界上修建在流动沙漠中最长的等级公路，整条公路约五分之四段位于移动沙丘之中。

防护林带：长约436千米，建设面积超3700公顷，年固碳能力可达2万吨，可有效中和过往车辆的碳排放。这些防护林带由光伏电站在发电后进行抽水灌溉。

养护工人维护灌溉设施

人工灌溉设施

塔克拉玛干沙漠每年的降雨量仅有25毫米，年蒸发量却是降雨量的150倍。防护林带中约有2000万株苗木，它们的年耗水量可达550万立方米，必须通过人工灌溉才能存活。因此，人们在沿途建立了管网总长度超过2万千米的滴灌设备，确保沿线苗木能够正常生长。

光伏电站： 由塔里木零碳沙漠公路沿线的86个水井房改造而成，其发电方式由传统的柴油发电转变为光伏发电。建成投运后，这些光伏电站的年发电量近400万千瓦时，折算下来可节省柴油1000余吨，年减碳约2600吨。

井房： 为灌溉防护林带而建造的公路沿线简易房屋。共设置了109座，每4千米设置一座，每3座井房安排一组养护工人。每年3月开始，他们在这里要连续驻守8个月，忍受高温、风沙等恶劣环境，照料辖区内的植被。这些养护工人就是塔里木零碳沙漠公路的“守护天使”。

西汉高速公路

秦岭自古就是一座难以逾越的山脉，古人要想翻越它，从西安到成都，往往需要几个月的时间。为了解决秦岭两地的交通问题，中国建设了西汉高速公路，于2007年9月正式建成通车。西汉高速公路的建成，使得西安市到汉中市的车程缩短为3小时左右，西安市到成都市的车程缩短为7小时左右。

西汉高速公路起点为西安，终点是汉中，公路主线全长258.65千米。它穿越秦岭的主山脉，有挖掘的隧道151座。其中，长达17千米的隧道群是中国当时规模最大的隧道群。

西汉高速公路全线采用双向四车道，即双向通行的、左右共计4条机动车道的道路。同时，公路线上设有紧急停车带和避险车道等安全设施，以确保行车安全。

秦岭—淮河一线

秦岭与淮河构成的秦岭—淮河一线，是真正意义上中国北方地区与南方地区的地理分界线。这个组合还是湿润地区与半湿润地区的分界线、黄河水系与长江水系的分水岭、1月份0℃等温线通过的地方、年降水量800毫米等降水量线经过的地方。

穿越秦岭—淮河一线的公路

151座隧道包括特长隧道、长隧道、中隧道和短隧道等不同长度和规模的隧道。在西涝峪处有3座相连的隧道群，分别为秦岭一号隧道、秦岭二号隧道和秦岭三号隧道。

驴驮马拉运送零件

建设西汉高速公路隧道时，大型机械设备无法被直接运送到地形复杂的秦岭，建设者们便把大型机械设备拆成一个个的小零件，用驴驮马拉的原始运输方式，将它们运送到秦岭，然后再组装起来。

雅西高速公路

雅西高速公路全称雅安—西昌高速公路，即从四川省雅安市到西昌市的高速公路，全长约240千米，是京昆高速公路的一段。它每向前延伸1千米，其平均海拔就会升高约7.5米，就像不断攀升的天梯，因此它被称为“天梯之路”。2012年4月雅西高速公路建成通车后，雅安市到西昌市原本需要花一天甚至几天的时间，现在自驾只需约4个小时。

双螺旋隧道： 包括铁寨子1号隧道和干海子隧道。雅西高速公路附近有安宁河断裂带和鲜水河断裂带，施工时既要避开这两个断裂带，还要向上爬升，建设者们便首创了通过进出双隧道来完成原地360°盘旋的设计来升高海拔，从而降低高速公路路面坡度。

雅西高速公路部分线路示意图

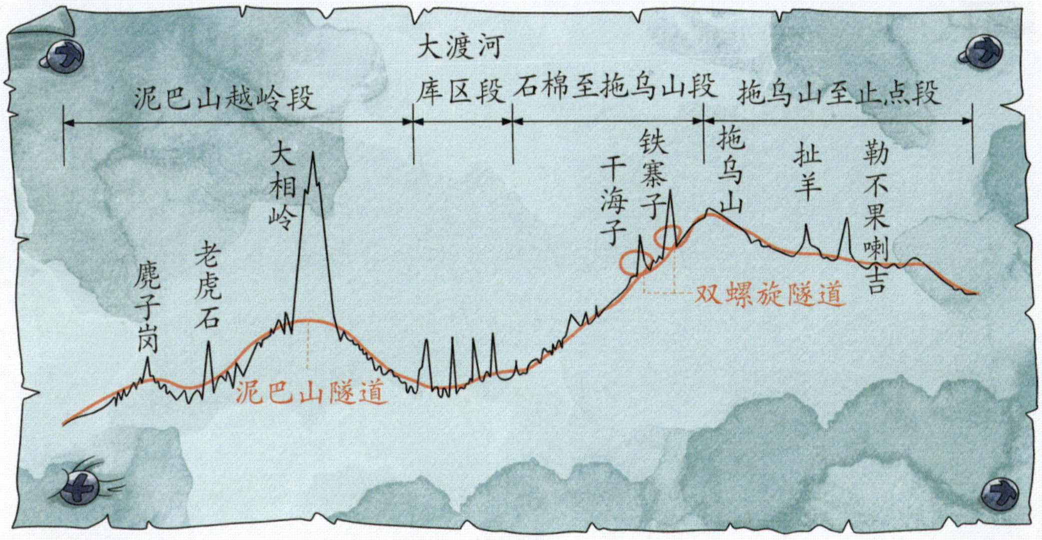

翻山越岭

雅西高速公路需要翻越鹿子岗、大相岭、拖乌山等山岭，建设者们便将修建道路、大桥、隧道相结合，迂回布置线路，最终完成了公路建设。

干海子特大桥：位于雅泸高速公路（雅西高速公路的一段）四川省雅安市石棉县境内，全长1811米，宽24.5米。大桥采用钢管混凝土桁架桥梁和钢管混凝土格构桥墩，主体结构采用钢纤维混凝土，是世界桥梁建设史上的首例。

干海子特大桥钢管桁架梁

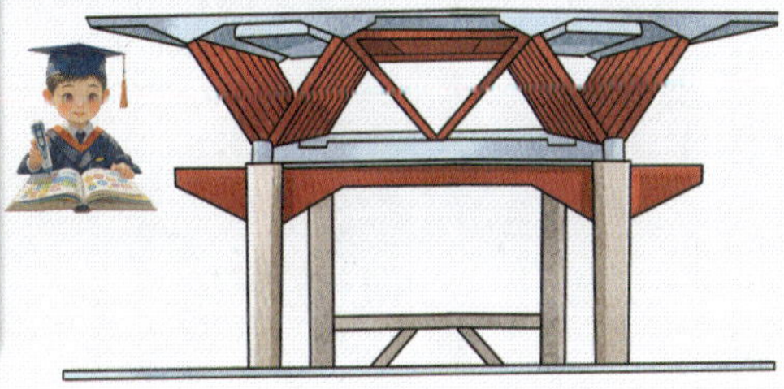

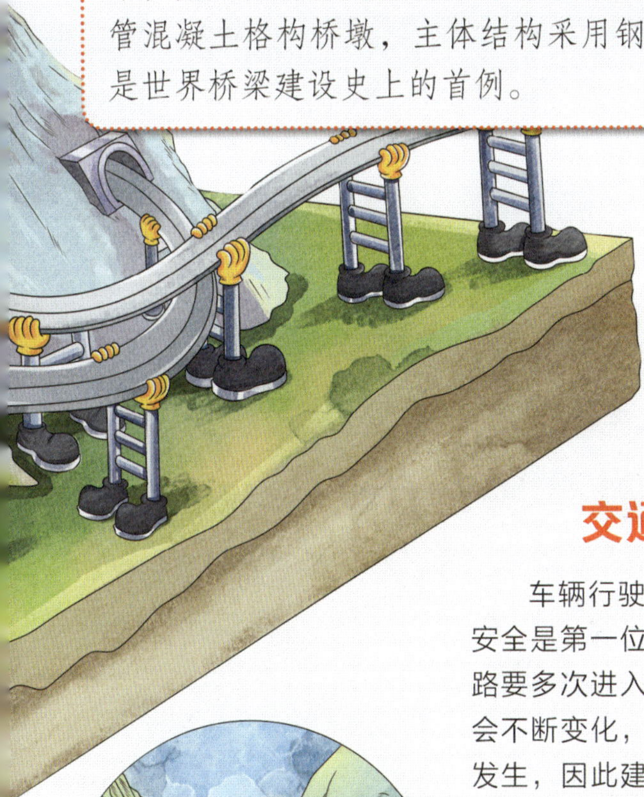

交通标志牌

车辆行驶在雅西高速公路上，安全是第一位的。由于雅西高速公路要多次进入山区，而山区上下坡会不断变化，多雾天气情况也常会发生，因此建设者们根据沿线的特殊路况，在道路两旁设置了相关的交通标志牌。比如，下坡路段的每一区段会存在不同的安全风险，建设者们便在每一区段设置不一样的交通标志牌，以此帮助驾驶员了解下坡何时开始、何时终止等情况，从而确保行驶安全。

挂壁公路

挂壁公路是一种特殊的道路类型，“挂壁”二字形象地描述了这种道路的特点，即道路的一侧或两侧紧紧贴在岩壁上。通常修建挂壁公路是奇险、奇难的工程。在修建过程中，建设者们需克服许多难题，比如岩体不稳定、斜坡角度大等。中国有很多挂壁公路，主要位于南太行山地区及山西省东南部。以郭亮挂壁公路为代表的挂壁公路堪称中国筑路史上的奇迹。

郭亮挂壁公路又称“郭亮洞”，位于河南省新乡市辉县沙窑乡郭亮村，1972年3月开工建设，1977年5月正式通车。郭亮挂壁公路建在约110米高、1250米长的南太行绝壁横面上，是以约25° 斜面凿出的人工隧道，被誉为“太行隧道之父”，还被列为“世界最险要10条路”之一、“世界最奇特18条公路”之一。

回龙挂壁公路示意图

回龙挂壁公路

回龙挂壁公路是一条长约8000米的盘山挂壁公路，位于河南省新乡市辉县回龙村。1997年开凿，2002年完工。1000多米的隧道在山腹里呈“S”形旋转后，刚好“爬”到山另一面的岭脊上。

南太行地区七大挂壁公路

南太行地区挂壁公路的建成通车，为当地村民带来了巨大的便利，也为外界了解和认识南太行山地区提供了重要通道。如今，这些挂壁公路已成为热门的旅游景点，吸引了大量游客前来观赏和探险。

南太行山地区的许多地段，由于地壳运动形成了很多断层岩壁。这些陡峭绝壁，矮的有数十米，高的有数百米，绵延数十千米，十分雄伟壮观，但这给当地村民的出行带来了极大的阻碍。因此，当地居民便修建挂壁公路来解决交通问题。

南太行地区七大挂壁公路示意图

青藏铁路

青藏铁路将青海省西宁市与西藏自治区拉萨市连接了起来，2006年7月全线通车。青藏铁路是世界上海拔最高、高原线路里程最长、沿线环境最为恶劣的铁路，而且它也是除南水北调、西气东输、西电东送之外，中国新世纪四大工程之一。青藏铁路的修建面临着三大世界级难题：千里冻土、高寒缺氧、生态脆弱。修建之初，全世界都认为在“生命的禁区”修建一条铁路是不可能的，但这并没有阻止青藏铁路修建成功的步伐。

青藏铁路是通往西藏腹地的第一条铁路，全长1956千米，穿越了约550千米的冻土层，经过140多条地震断裂带，并且沿途还要经过多个国家级自然保护区。

青藏高原

青藏高原被称为“世界屋脊”，是中国最大、世界海拔最高的高原，平均海拔4000米以上。在这种特殊的高原气候条件下施工，为保障施工人员的生命安全，施工点建有氧吧，而且多数工程由机器来完成，降低了高原施工的难度。建设者还修建了各种桥涵作为动物通道，确保动物能自由穿越铁路，减少对其生存的影响。

热棒工作原理图

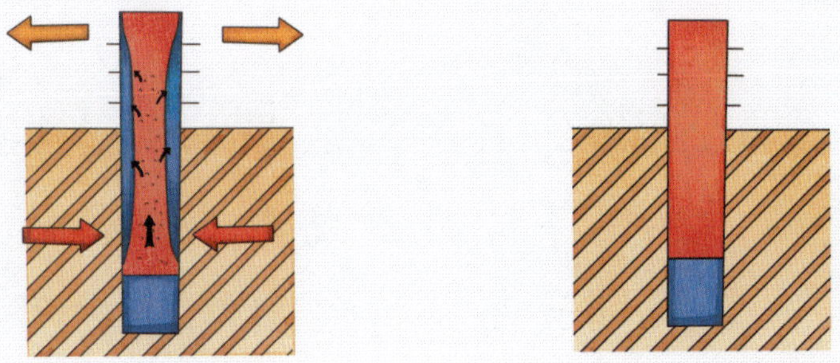

冬季外界气温很低，地下温度高于外界温度。

夏季外界气温很高，地下温度低于外界温度。

热棒

青藏铁路路基两旁常有两排铁棒，这些铁棒便是降温神器——热棒。热棒长约7米，其中5米埋在地下，2米露在外面。整个热棒内部中空，外部有散热片。热棒内部灌有沸点很低的液氨，当土壤温度较高时，液氨受热会气化，把下面的热量传到上面，上升到顶部后，遇冷空气便会液化释放出热量，再次流回到底部，继续吸热，就这样循环往复，保持冻土温度。

克服冻土

青藏铁路约三分之一需要穿越多年的冻土区。冬天，冻土被冻得硬邦邦的，但在夏季，冻土解冻，会使铁路地基下沉，可能会引发工程安全问题。因此，建设者们需要找到保持冻土温度恒定的办法来确保铁路修建顺利进行。

1.碎石块：用碎石块在路基的底部铺设约1.5米的通风路基，碎石块之间的孔隙透空气，可使热空气上升，冷空气下降，从而保持冻土的相对稳定。

2.隔热保温层：在路基底部铺设一层用聚苯乙烯板或聚氨酯板做的隔热保温层，利用保温材料的低导热性，阻止外部热量进入土壤，从而保护冻土。

3.通风管：铺设通风管，空气在通风管内流动，就会带走多余的热量，让冻土尽可能保持低温状态，从而确保地基的稳定性。

沪昆高速铁路

沪昆高速铁路简称沪昆高铁，也被称作沪昆客运专线，它东起上海虹桥站，西至云南省昆明南站，2016年12月正式通车建成时，它是中国东西向线路里程最长、速度等级最高、途经省级行政区最多的高速铁路，是中国高速铁路建设的重要里程碑。沪昆高铁建成后，从上海市乘坐高铁列车到昆明市，最快约11小时，比原有的铁路节省约28小时。

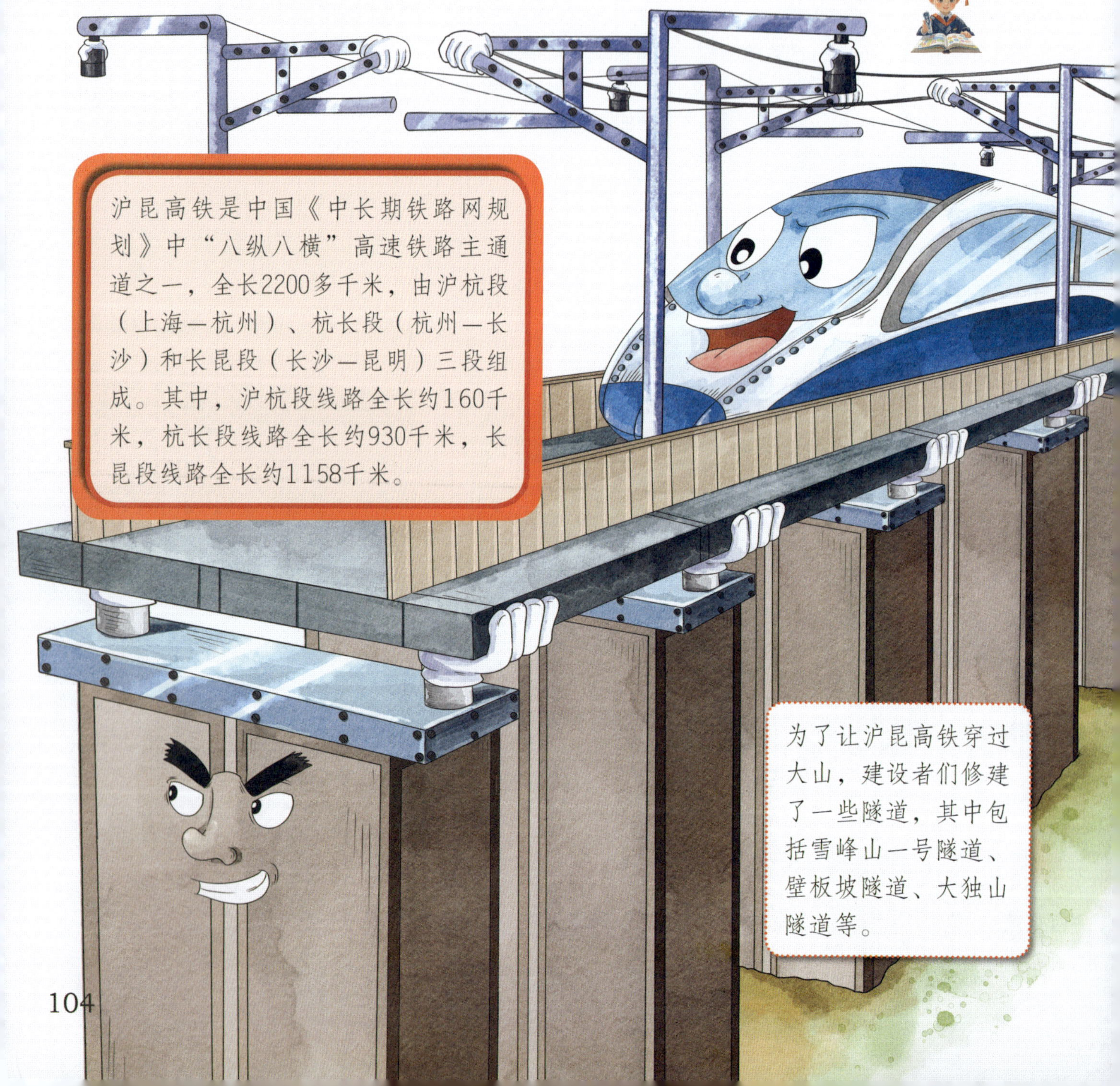

沪昆高铁是中国《中长期铁路网规划》中“八纵八横”高速铁路主通道之一，全长2200多千米，由沪杭段（上海—杭州）、杭长段（杭州—长沙）和长昆段（长沙—昆明）三段组成。其中，沪杭段线路全长约160千米，杭长段线路全长约930千米，长昆段线路全长约1158千米。

为了让沪昆高铁穿过大山，建设者们修建了一些隧道，其中包括雪峰山一号隧道、壁板坡隧道、大独山隧道等。

沪昆高铁线路

沪昆高铁途经上海、杭州、南昌、长沙、贵阳、昆明等6座省会城市及直辖市，连接了位于长江上、中、下游的经济圈以及沿线中小城市，形成了一条贯穿长江上、中、下游的交通经济带。

沪昆高铁线路图

奔驰在沪昆高铁上的列车

沪昆高铁要穿越高山峻岭，跨越江水河流，因此建设者们在沿线修建了多座大桥，其中包括北盘江特大桥、湘江特大桥、跨京广高铁转体斜拉桥、赣江特大桥、小寨坡特大桥、沾益特大桥、金华江特大桥等。

跨京广高铁转体斜拉桥

大桥“转身”的奥秘

跨京广高铁转体斜拉桥是中国首座高铁跨高铁的转体斜拉桥，沪昆高铁通过该桥上跨京广高铁。这座斜拉桥是如何实现转体的呢？我们可以把这座大桥比作一个人，其转体的奥秘就隐藏在“脚”上。在桥的“脚”上，即底座上，建设者们预先埋设了一个独特的转体球铰。这个球铰的形状类似于磨石。当上、下球铰安装完毕后，上承重台就像一顶帽子固定在上面，而这顶帽子里还巧妙地捆绑了两根牵引索，它们分别连接着两台千斤顶，通过上承重台均匀施加的拉力，驱动整座大桥“转身”。

泥巴山隧道

泥巴山隧道位于雅西高速公路上，长约10千米，是当时世界上埋深最大的隧道，埋深最大处约1650米，而且埋深超过1000米的路段长度超过5000米。泥巴山以“山高、路险、多弯道”著称，人们以前要翻越这里，天气好时需要3～4小时的车程，天气不好时则需6～7小时。泥巴山隧道2012年4月建成通车后，只需大约10分钟即可穿越过去。

泥巴山隧道是双洞单向隧道，左隧道全线长约9962米，右隧道全线长约10007米。

隧道的“呼吸道”

挖掘隧道时，施工会产生大量灰尘，甚至会出现瓦斯等危险气体，解决通风问题非常关键。建设者们在隧道内修建了通风系统，在左右两条隧道上方，分别修建了两条送风和排风的斜井，让风在隧道内不断循环，其中最长的斜井可达1500米。

泥巴山隧道通风示意图

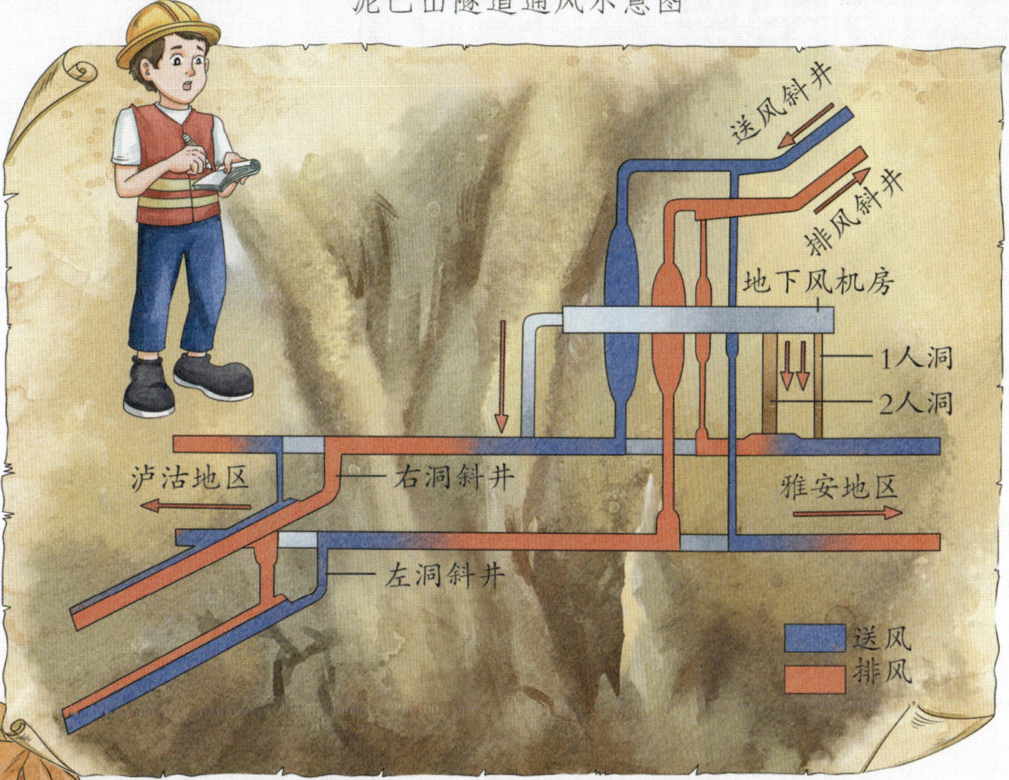

泥巴山隧道的通风系统设计可概括为“三区段四斜井”，即隧道被分为三段，在距离头尾约2500米的地方设置了送风和排风的斜井口，风通过送风斜井口进入隧道，然后循环一圈后，再通过排风斜井口离开。

横通道结构示意图

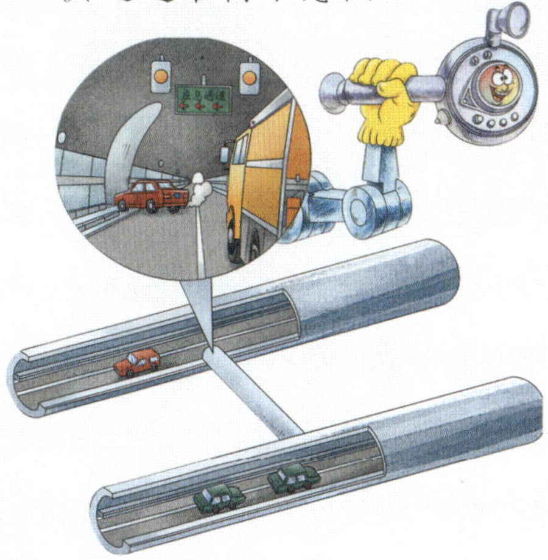

横通道

为了应对火灾、车祸等突发事故，尽快疏散人员，建设者们在泥巴山隧道两条平行的隧道之间，设置了横通道。如果一侧隧道发生事故，被困这一侧的人员可通过横通道疏散到另一侧隧道逃生、报警。横通道还设置了防火门，当人员疏散后，防火门被启动，隔离有险情的隧道。

南京定淮门长江隧道

南京定淮门长江隧道简称定淮门隧道，位于南京长江大桥与南京应天大街长江隧道之间，全长7000多米。它于2010年11月开工建造，2016年1月正式通车，建造时被认为是世界同类型隧道中建设规模最大、长度最长、地质最复杂、埋深最深的隧道。定淮门隧道最深的一段位于长江水面以下约70米处，建设难度非常大。

南京定淮门长江隧道为双管双层八车道。“双管”即有两条隧道，其中南隧道长约7300米，北隧道长约7000米。两条隧道都是双层的，上层公路的通行方向是从江北通往江南，下层公路的通行方向是从江南通往江北，两条隧道都能独立地承担起江南和江北的双向交通。

双层公路：分上下两层，每层两车道。每条隧道都是“双层四车道”。

南京定淮门长江隧道南线周围的岩层示意图

复杂的江底地质结构

南京定淮门长江隧道周围有种类繁多的岩石、黏土，而且岩石都很坚硬、耐磨，黏土则容易糊在挖掘隧道的盾构机的刀盘上。后来，建设者们采用了新技术，解决了这项建设难题。

盾构机刀盘

逃生与疏散通道：供人员逃离的通道，如果遇到火灾等突发事故，人员可通过连接上下层的疏散楼梯前往另一层隧道逃生。隧道内每隔64米就设置一处逃生楼梯。

盾构机

“天和号”和“天和一号”盾构机在南京定淮门长江隧道施工中发挥了巨大作用，这种盾构机刀盘直径约15米，有5层楼那么高。刀盘结构十分复杂，配备了削刀、滚刀等各类刀具共717把。

“雪山一号”隧道

“雪山一号”隧道位于青海省果洛藏族自治州玛沁县，于2013年7月施工建设，2017年9月贯通使用。它地处海拔4000多米的雪山上，是世界上海拔最高的隧道之一，也是环境最恶劣的高速公路隧道。在建设中，建设者们要克服多年冻土、高原缺氧、生态脆弱等世界性难题。“雪山一号”隧道的建成，为花久高速公路全线通车奠定了基础。

“雪山一号”隧道是花久高速公路（从果洛藏族自治州玛多县花石峡镇至该自治州久治县）的重点控制性工程。它采用双洞双向四车道设计，双洞总长约9065米，施工最高海拔达4800多米。

在建设“雪山一号”隧道时，为了不让土层和围岩受外界环境温度变化的干扰，通常会在洞口搭建一个保温棚，以创造恒温施工环境。

“雪山一号”隧道左线和右线进口外观图

花久高速公路

“雪山一号”隧道位于花久高速公路线上，这条公路从新疆维吾尔自治区库尔勒市出发，经青海省通往四川省成都市，沿途雪山、湖泊、森林等处处可见，风景秀美。但公路沿线高寒、高海拔地区的生态环境十分脆弱，因此在修建这条公路时，建设者们不仅移植草皮，还种草，将适合的草种种在桥墩下、路基旁、弃渣场等地。这使得花久高速公路成了青海省首条绿色循环低碳示范公路。

高寒地区空气稀薄，建设者们要在隧道里施工，隧道的通风口就要时刻保持通风顺畅，以确保施工人员生命安全。建设者们便每天不停地检查通风口，往返于两个隧道之间，一天至少要走20千米的路。

寒区隧道围岩冻土段划分示意图

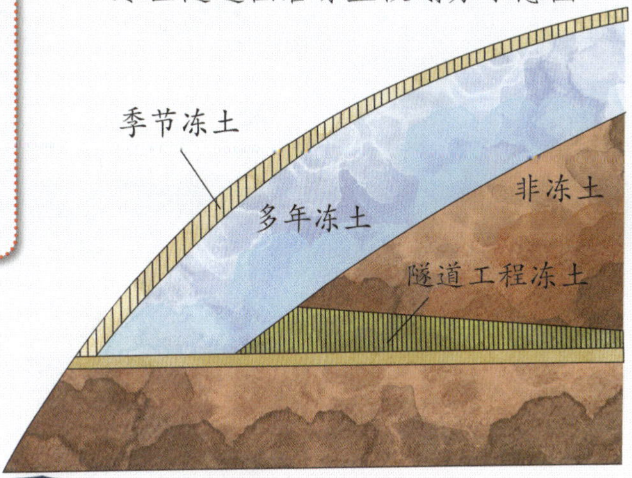

隧道工程冻土

高原地区常年低温，土壤内部会结冰，从而形成了坚硬的冻土。隧道围岩冻土可分成3层：表层为随季节变化发生冻融的季节冻土，内层为多年保持不变的多年冻土，深层为不受气候影响的非冻土。一旦修建隧道就会使山体的内部与外界大气环境接触，使多年冻土与非冻土都变成季节冻土，破坏山体内部的稳定性。这种因隧道修建变化的冻土被称为“隧道工程冻土”。

经过多次试验，建设者们发现，5℃是最佳温度，既可让混凝土凝固，又能使冻土暂时不会融化，从而方便施工。他们便在隧道的保温棚中放置火炉，多次调整火炉数量及火炉之间的距离，最终让隧道温度控制在了5℃，以此克服了冻土难题。

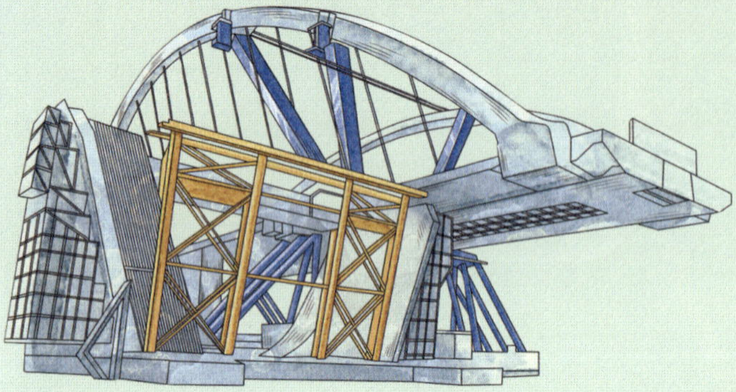

世界领先的中国桥

在众多令人瞩目的伟大工程中，桥梁建设无疑是中国工程技术实力的缩影。中国桥梁工程师们不断挑战极限，实现了多个“世界第一”。从雄伟的港珠澳大桥到壮观的北盘江第一桥，再到奇特的矮寨特大悬索桥……这些技术精湛的中国桥以独特的姿态跨越险峻的高山、冻土遍布的高原、波涛汹涌的江河以及深不见底的峡谷，承载着中国交通运输的重任，更承载着中华民族的骄傲和自豪。它们与自然环境和谐共生，成为中华大地上一道道亮丽的风景线。

朝天门长江大桥

朝天门长江大桥位于重庆市江北区，横跨长江王家沱河段，将重庆市南岸和江北中央商务区连接起来。朝天门长江大桥于2009年4月正式通车，是世界上跨度最大的拱桥，也是重庆市的标志性建筑。朝天门长江大桥的建成通车，对于完善重庆市主城区交通路网具有重要作用。

朝天门长江大桥全长1741米、主跨长552米，使用钢梁共4.95万吨，为三跨连续中承式钢桁系杆拱桥，设计结构十分复杂。

双层桥面设计：上层为双向六车道和两侧人行道，下层中间为双线城市轨道交通，两侧各预留一个7米宽的汽车车行道，上下层共10条车道。

主桥墩：大桥的支撑结构。桥墩按照解放碑的造型进行设计，“一剖两半”后分成4座柱子，将大桥稳稳托起。

高强度螺栓

朝天门长江大桥在建造过程中使用了高强度螺栓，每颗螺栓的承载力约30吨。整座大桥共使用了超过100万颗高强度螺栓进行钢构件连接，每颗螺栓的拼装误差不超过1毫米。如此精细的拼装，是为了让构件之间产生充足的摩擦力，让大桥结构更为紧固。

高强度螺栓示意图

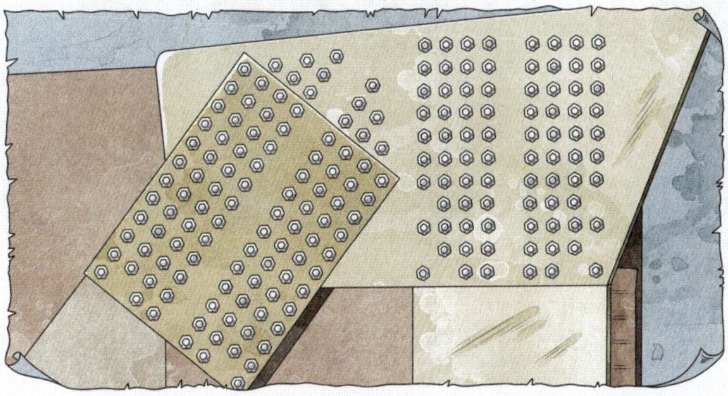

抗震球形支座

朝天门长江大桥的主桥墩上安装了支撑力达1.45万吨的抗震球形支座，这是全世界同类型桥中承载力最大的球形支座。

抗震球形支座示意图

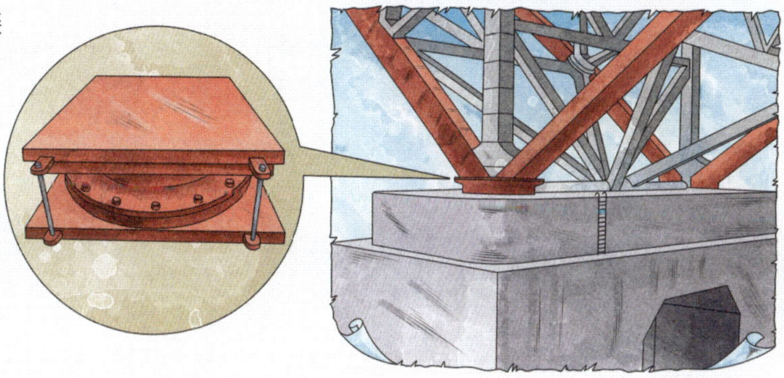

腊八斤特大桥

腊八斤特大桥位于四川省荥经县境内的雅安至西昌的高速公路上，跨越了腊八斤沟和多条地震断裂带，它是这一高速公路中一个建造难度极大的重点工程，也是其控制性工程之一。腊八斤特大桥于2012年4月建成通车，其桥面和基座高度加起来超过200米，往来的汽车在大桥上行驶时往往被云雾环绕，仿佛驶入了空中仙境。

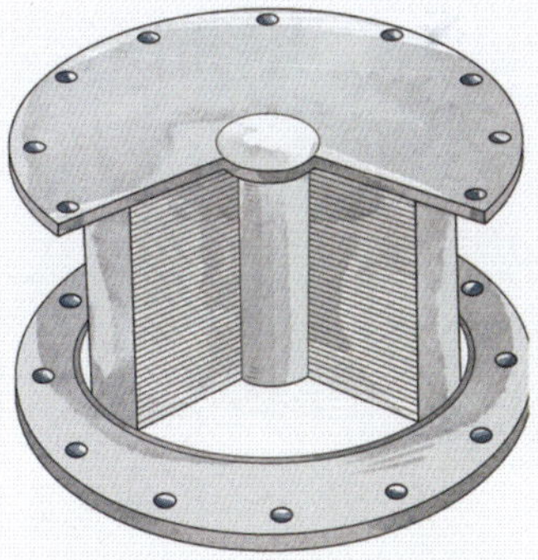

铅芯隔震支座

铅芯隔震支座安放在桥梁和桥墩之间，如同给桥梁和桥墩之间装了一层柔软的隔震层，适当阻挡地震波向上传递，大幅减弱上部桥梁的地震反应，从而实现“隔离”地震的效果。

防落梁链

防落梁链安装在桥梁和桥墩之间，主要用于防止桥梁从桥墩上面掉下来。

防震挡块

当地震发生时，桥梁很容易从桥墩上掉下来，安装防震挡块可有效防止落梁现象。

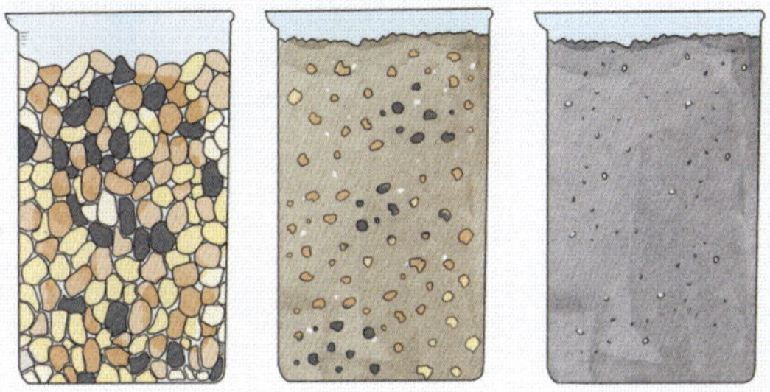

粗骨料　细骨料　矿物掺和料

密实骨架堆积法

建筑大桥的混凝土密实性非常好，不仅因为混凝土本身性能高，还归功于建设者们采用了高效减水剂矿物掺和料，并结合密实骨架堆积法配制混凝土。这种方法可以有效降低用水量，改善骨料（混凝土中的主要原料，起架构和支撑作用）与水的运动，消除内外分层现象，让混凝土密实性更高。要想得到密实性较高的自密实钢管混凝土，建设者们一般会先确定粗骨料、细骨料、矿物掺和料的组成比例，然后按比例配制，让混凝土缝隙变小。

矮寨特大悬索桥

矮寨特大悬索桥简称矮寨大桥，位于湖南省湘西土家族苗族自治州境内，横跨德夯大峡谷，是包茂高速公路吉茶段的必经之地。包茂高速北起包头市，南到茂名市。因此，这座特大悬索桥的建成意味着一条纵贯中国南北的“大动脉”被打通了。矮寨大桥于2012年3月通车运营，大桥主跨跨径为1176米，在大桥修建之前，要跨越德夯大峡谷，需走约30分钟的矮寨盘山路，在大桥建成后，仅需1分钟。

怎样把主缆运到对岸？

修建矮寨大桥时，要将其主缆送到对岸，首先要送先导索（用来引导后续的主缆、桥面等部分施工的索具）过岸。大桥处于高山峡谷中，只能采用空中牵引法架设先导索。建设者们便选择使用飞艇牵引先导索，先将一根先导索送到对岸并固定好，然后借助它将主缆送到对岸。

运送矮寨大桥先导索的飞艇是遥控氦气飞艇

矮寨大桥的结构

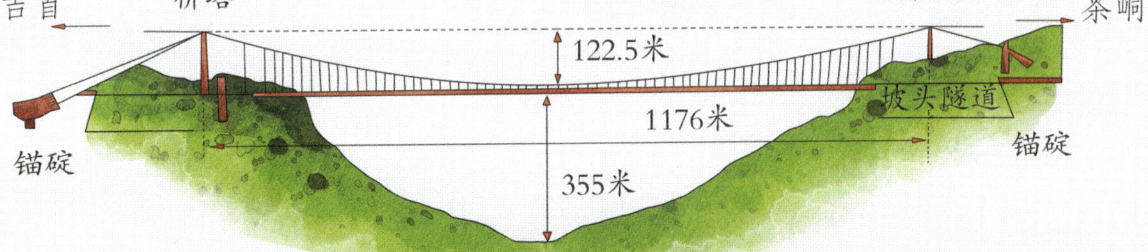

岩锚吊索

矮寨大桥采用塔梁分离式结构，但钢桁梁长度小于两个主塔间的距离，这使桥两端存在无吊索区，直接导致主缆受力不均，会让整体结构在最薄弱的地方发生断裂。建设者们便首创了岩锚吊索结构，以解决悬索受力不均的问题。其中，岩锚吊索上部的锚头可以活动，用来施力拉紧；锚头下方的锚键借助弹性变形，保持拉力；中部的锚碇用于固定承受压力；下部的钻孔会将岩锚深入孔中。

桥塔： 茶峒岸高约66米，吉首岸高约123米。由于矮寨大桥两岸山的高度不同，两岸的桥塔被设计成桥塔茶峒岸和吉首岸不等高的形式。

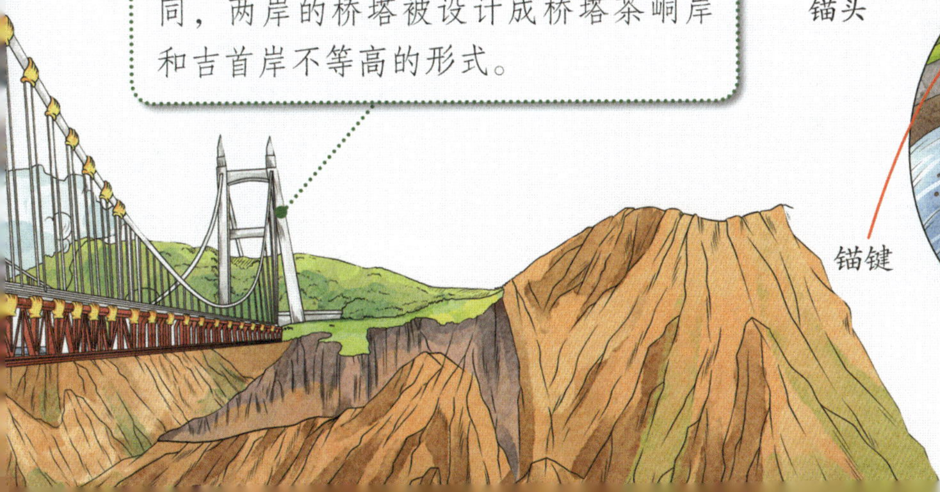

岩锚吊索地下结构示意图

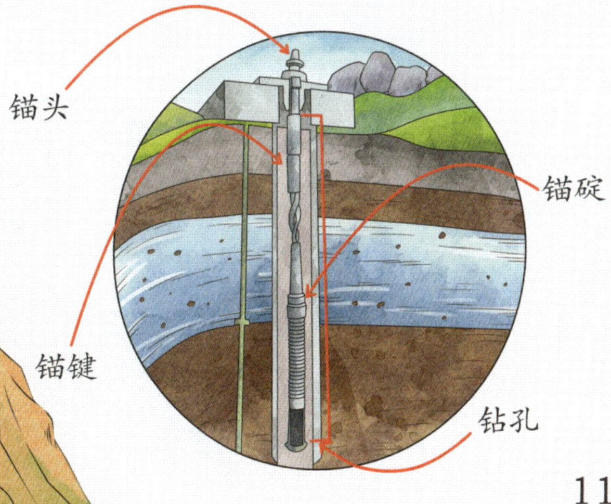

五峰山长江大桥

五峰山长江大桥位于江苏省镇江市境内，横跨宽阔的长江水道。它的建成在当时创造了三个“世界之最”，是世界上跨度最大、运行速度最快、运行负荷最重的公铁两用悬索桥。五峰山长江大桥于2020年12月正式通车，既连接了江苏省的南部与北部，也成为对接京沪高铁的超级过江大桥。

五峰山长江大桥线路全长6409米，主桥长1432米。大桥的上层是双向八车道高速公路，设计速度为每小时100千米；下层是双向四线高速铁路，设计速度为每小时250千米。

主塔：建在南北两岸，没有建在江中间，以便桥下的船只通行。北岸3号塔柱高203米，南岸4号塔柱高191米。在施工时，主桥塔墩分为上下两部分建设，桥塔在上部分施工，塔墩在下部分施工。

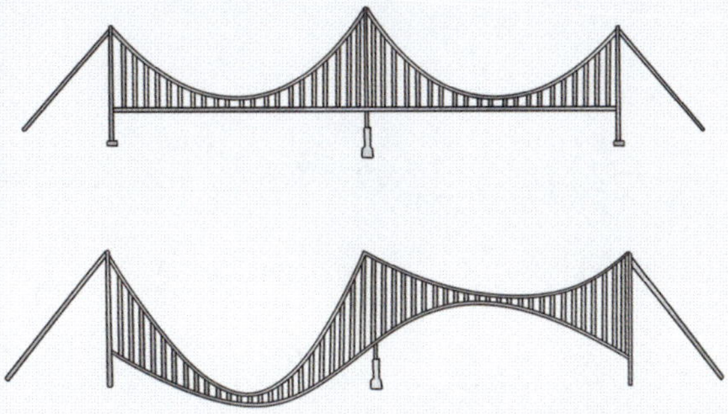

承受压力有限的悬索桥

悬索桥跨度大，具有很强的柔性，即使遭遇地震、沉降等自然灾害，也比其他桥型更容易维持稳固。但当桥面压力不断增大，比如高铁列车通过时，悬索桥结构则容易变形。

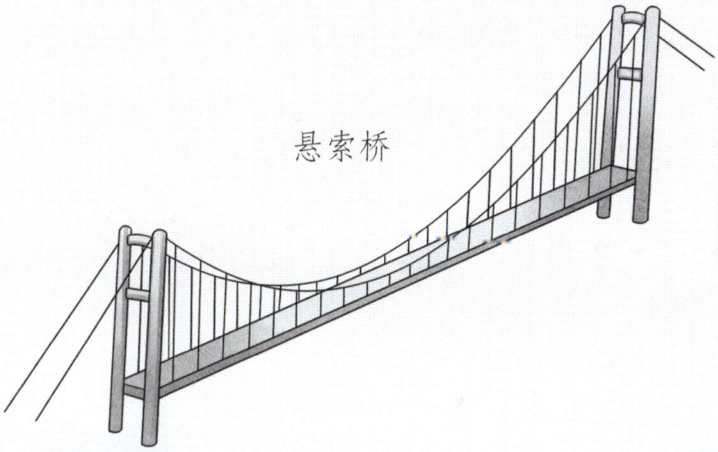

悬索桥

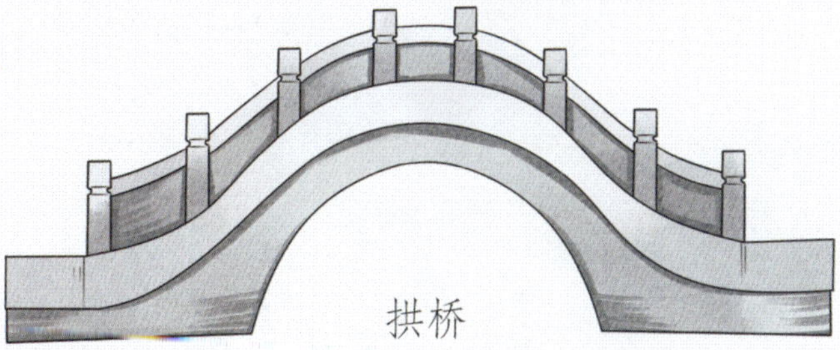

拱桥

为什么是悬索桥而不是拱桥?

在长江上，每天都要通行万吨级的巨轮，这就要求航道足够宽，使轮船能顺利通行。拱桥的桥梁不够宽，不能满足这个需求。与拱桥相比，悬索桥跨度大，可使巨轮通过，而且也适合建造在水流湍急、水面宽阔的长江上。因此，五峰山长江大桥选择了悬索桥的形式。

钢桁梁节段：主桥共有53段，为了尽可能减少占用航道的时间，建设者们采用两节段梁带载安装技术进行吊装。这种技术就是将两个钢桁梁节段一起快速起吊到指定位置，然后与吊索连接。

北盘江第一桥

在云南省与贵州省交界处的尼珠河大峡谷上，横跨着世界第一高桥——北盘江第一桥。它建成于2016年12月，全长1340多米，从桥面到江面垂直高度约565米，相当于200层楼的高度，从谷底到桥面的高度比美国的帝国大厦还要高100多米。北盘江第一桥就像一座令人惊奇的“云端之桥”，向全世界展示属于中国的桥梁奇迹。

斜拉钢索：直径15.2毫米，共224根，使用的“超强”钢索由中国自主研发，抗拉强度为普通建筑用钢的4～8倍。桥塔两端的钢索受力必须一样大，不能有偏差。

北盘江第一桥是斜拉桥，钢索由桥面连接在固定的桥塔上，而不像悬索桥的钢索连接在容易摇摆的主缆上，再由主缆连接到桥塔。因此，北盘江第一桥更加抗风，稳定性更好。

主桥塔：位于桥的中间位置，向两边对称放出斜拉钢索。两座桥塔再把受力分散到整个山体，大桥就会“岿然不动”。

“智能”混凝土

北盘江第一桥的桥塔和桥墩都是钢筋混凝土结构。普通混凝土可能会导致桥体出现空洞、蜂窝、麻面等问题。如果用普通混凝土浇筑桥墩，桥墩承受巨大压力时，有空洞、蜂窝等问题的地方便很容易出现裂痕，甚至导致大桥倾覆。因此，建设者们采用“智能”混凝土，即“机制砂自密实混凝土”，其“智能”在于能够自己均匀流动。

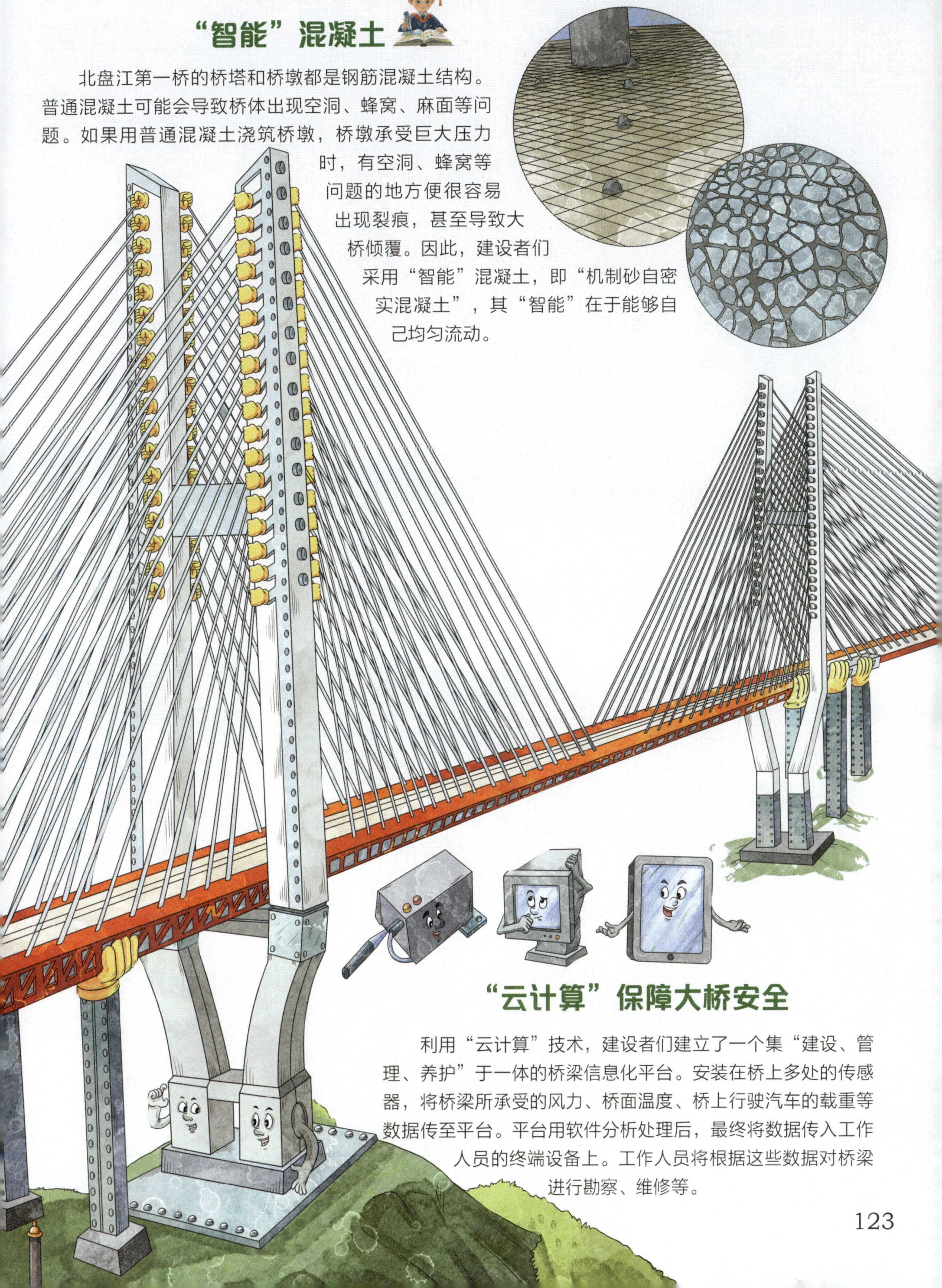

“云计算”保障大桥安全

利用“云计算”技术，建设者们建立了一个集“建设、管理、养护”于一体的桥梁信息化平台。安装在桥上多处的传感器，将桥梁所承受的风力、桥面温度、桥上行驶汽车的载重等数据传至平台。平台用软件分析处理后，最终将数据传入工作人员的终端设备上。工作人员将根据这些数据对桥梁进行勘察、维修等。

丹昆特大桥

丹昆特大桥位于江苏省南部，是京沪高铁的组成部分。苏南地区属于平原河网化地貌，河道众多，经济发展迅速。桥梁设计师提出“以桥代路”的设想，即把河上的桥梁延伸到陆地上，这成为丹昆特大桥的最大建筑特色。2008年4月，丹昆特大桥开始建设，2011年6月底，大桥正式开通运营。

丹昆特大桥全长160多千米，是目前世界上最长的桥梁，也是世界上最长的铁路特大桥。全桥共有4995个桥墩、19392个桥墩支座和77568个螺栓，桥面由4500个箱梁拼接而成。

丹昆特大桥可以支持高铁列车以每小时350千米的速度从桥上经过，其“车-岔-桥”动力性能满足规范要求，可以确保列车运行的安全性、平稳性。

丹昆特大桥跨越水路示意图

丹昆特大桥跨越铁路、公路、水路，其中仅水面宽度超过20米的河道就有150余条，各类型等级道路达180余条。

途经城市

丹昆特大桥途经丹阳、常州、无锡、苏州、昆山5座城市，高铁列车从头至尾穿行这5座城市只需约40分钟。

丹昆特大桥途经城市示意图

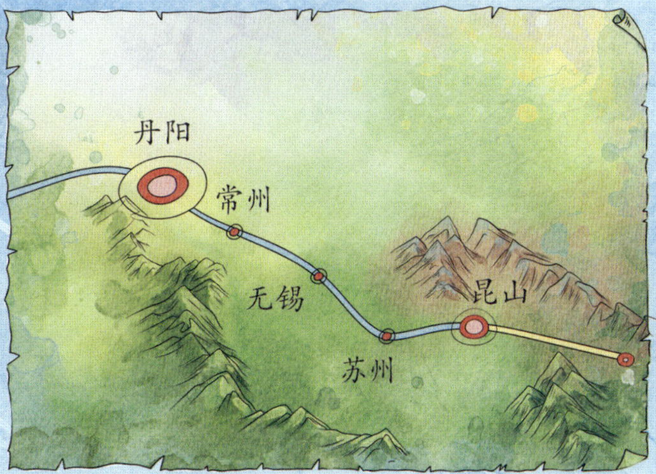

丹昆特大桥在建造过程中要跨越多种地形环境，不同环境的土层沉降量各不相同。为防止桥墩变形影响桥梁平整度，丹昆特大桥在建造桥墩时采用了墩台与摩擦桩复合的模式，既可以靠土壤对深桩的摩擦力来承重，又可以靠承台来分散压力。

平潭海峡公铁大桥

平潭海峡公铁大桥位于福建省，是中国首座公路、铁路两用大桥，也是世界上最长的公铁两用跨海大桥。平潭海峡公铁大桥起于福州市长乐区，经人屿岛、长屿岛、小练岛、大练岛，在苏澳镇连接平潭岛。它是福平铁路、长乐至平潭高速公路的关键性控制工程，于2020年12月全面通车。

平潭海峡公铁大桥线路全长16.34千米，跨海段长约11千米，它的上层是双向六车道高速公路，设计速度为每小时100千米，下层是双线铁路，设计速度为每小时200千米。

航道桥：共设有4座，其中跨度最大的元洪航道桥是主孔跨径532米的钢桁梁斜拉桥，可满足5万吨级航道单孔双向通航。

三大难关：硬石、巨浪、大风

平潭海峡公铁大桥位于海坛海峡的北口，这里石硬、浪高、风大，被认为是“建桥禁区”，是世界三大风口海域之一，全年有200多天都在刮7级以上的风。为了克服硬石，建设者们用钢管桩搭建起一个个巨大的“板凳”，用混凝土将其牢牢地固定在岩石上，再在“板凳”上搭建平台，对大桥进行施工安装，这样大桥就变得既平稳又安全。为了克服巨浪，建设者们让“定海神针”——世界直径最大的桥梁桩基嵌岩桩来支撑大桥，让大桥在巨浪中也能“站稳脚跟”。为了克服大风，建设者们提前像搭积木一样将大桥各部件在岸上组装好，然后运到海上，避免部件被大风吹走。

“大桥海鸥号”自航双臂架变幅式起重船：国内起重量最大、起升高度最高的双臂架起重船，起重能力达3600吨，主钩起升高度达110米，相当于39层楼的高度。2018年1月22日，“大桥海鸥号”成功将吊重3400吨的钢桁梁架设到平潭海峡公铁大桥桥墩顶，刷新了世界桥梁整孔钢桁梁架设的最重纪录，填补了中国斜拉桥大节段钢桁梁整孔吊装架设的技术空白。

港珠澳大桥

2018年10月24日，港珠澳大桥正式通车。这座大桥跨越伶仃洋，东接香港，西接珠海和澳门，由3座通航桥、1条海底隧道、4座人工岛及连接桥隧、深浅水区非通航孔连续梁式桥和港珠澳三地陆路联络线组成，桥面是双向六车道高速公路，全长55千米，其中主桥长29.6千米。这座大桥是世界最长的跨海大桥，创造出了最长的钢结构桥体、最长的海底沉管隧道等世界之最，被誉为“现代世界七大奇迹之一”。

港珠澳大桥相当结实，使用寿命可达120年，它可抵御8级地震、16级台风、30万吨级船舶撞击、珠江口300年一遇的洪潮等。

主梁：由钢结构建造，用钢量约42万吨，相当于10座国家体育场“鸟巢”的重量。

大桥防撞护栏：采用四横梁结构的金属梁柱式结构，高1.5米，斜“H”形立柱设计，立柱间距2米，可以防止车辆冲破护栏后坠海。

过伶仃洋

伶仃洋位于广东省的珠江口外，呈喇叭状。由于地处多风地区，一年中有将近200天是6级以上的大风天气，每年都有台风甚至超强台风过境，自然环境十分恶劣。港珠澳大桥跨越伶仃洋，为了确保经过港珠澳大桥下的船只安全通过，大桥尽可能被设计成垂直于水流的方向。如果遇到强台风天气，港珠澳大桥会临时关闭，以保证人、车、桥的安全。

桥墩：共224个，大桥全路段呈“S”形曲线，桥墩的轴线方向和水流的流向大致持平。

路面：采用沥青混凝土铺设，使用寿命为15年。沥青混凝土厚约7厘米，分为浇筑式层和表面层两层。

将军澳大桥

将军澳大桥位于香港特别行政区新界东南侧的将军澳海湾，是连接将军澳和蓝田隧道的重要跨海通道，也是香港跨度最大的钢拱桥。将军澳大桥是中国第一座在车间“长大”的桥，这是因为它不是在现场直接建造，而是采用内地工厂预制、香港现场搭建的模式建造的。这就像搭积木一样，先制造出大桥的零部件，再将其运送到将军澳进行搭建。2022年12月，将军澳大桥正式通车。

将军澳大桥全长约1.8千米，整体重约10000吨，为双程双线行车道。主桥结构是跨径约200米的外飘式双拱钢桥，桥面宽度约35.8米。它是世界首例采用大跨径钢拱桥异地整体制造技术的大桥。

外飘式双拱钢桥： 海上高架桥的主桥部分，两侧钢拱呈圆弧状，扣在主桥上，并向外翻转，从远处望去，就像一只正在展翅飞翔的巨大蝴蝶。钢桥的双拱采用S690钢材，这是世界首次大规模地将超高强度钢材应用于大型桥梁建造。

“浮托法”安装大桥

将军澳大桥的建设者们采用了“浮托法”安装方式，这是中国第一次用浮托法来安装大型跨海大桥。简单来讲，这种方法就是在不使用大型起重机船的情况下，利用船舶的浮托功能，并借助海潮涨落，让提前建造好的重型大桥构件精准地落位在桥墩上，从而完成安装。

将军澳

将军澳是香港的一个海湾，位于新界西贡区西南部。将军澳原本是乡村地区，后来人们在将军澳填海，这里形成了更多陆地。经过几十年的发展，将军澳变成了欣欣向荣的市镇。为了让将军澳两岸交通更加便利，国家便修建了将军澳大桥。